明日之星教研中心　编著

孩子们的编程书

Python编程入门
无人机

化学工业出版社
·北京·

内容简介

本书是“孩子们的编程书”系列里的《Python编程入门：无人机》分册。本系列图书共分6级，每级两个分册，书中内容结合孩子学习特点，从编程思维启蒙开始，逐渐过渡到Scratch图形化编程，最后到Python编程，通过简单有趣的案例，循序渐进地培养和提升孩子的数学思维和编程思维。本系列图书内容注重编程思维与多学科融合，旨在通过探究场景式软件、游戏开发应用，全面提升孩子分析问题、解决问题的能力，并养成良好的学习习惯，提高自身的学习能力。

本书基于大疆Tello无人机+Python编程语言编写而成，主要以无人机完成各种实践任务为线索，引导孩子了解无人机编程和Python编程，培养孩子们的编程思维和创新意识，并通过编程与人文、地理、科学、英语、数学等学科知识的融合，推进信息技术与学科教育的深度融合，同时结合思维导图的形式，启发和引导孩子们去思考和创造。

本书采用全彩印刷+全程图解的方式展现，每节课均配有微课教学视频，还提供所有实例的源程序、素材，扫描书中二维码即可轻松获取相应的学习资源，大大提高学习效率。

本书特别适合中小学生进行Python编程初学使用，适合完全没有接触过编程的家长和小朋友一起阅读。对从事编程教育的老师来说，这也是一本非常好的教程。本书可以作为中小学兴趣班以及相关培训机构的教学用书，也可以作为全国青少年编程能力等级测试的参考教程。

图书在版编目（CIP）数据

Python编程入门. 无人机/明日之星教研中心编著. —北京：化学工业出版社，2022.11

ISBN 978-7-122-42098-5

Ⅰ.①P… Ⅱ.①明… Ⅲ.①软件工具-程序设计-青少年读物 Ⅳ.①TP311.561-49

中国版本图书馆CIP数据核字（2022）第163154号

责任编辑：曾 越 周 红 雷桐辉　　装帧设计：水长流文化
责任校对：赵懿桐

出版发行：化学工业出版社（北京市东城区青年湖南街13号 邮政编码100011）
印　　装：中煤（北京）印务有限公司
787mm×1092mm 1/16 印张14½ 字数216千字 2023年3月北京第1版第1次印刷

购书咨询：010-64518888　　售后服务：010-64518899
网　　址：http://www.cip.com.cn
凡购买本书，如有缺损质量问题，本社销售中心负责调换。

定　　价：108.00元（全2册）

——写给孩子们的话

嗨，大家好，我是《Python编程入门：无人机》。当你看到这里的时候，说明你已经欣赏过我漂亮的封面了，但在这漂亮封面的里面，其实有更值得你去发现的内容……

认识我的小伙伴

本书中，我的小伙伴们会在每课前面跟大家见面，有博学的精奇博士、喜欢探索的乐乐、来自仙女星系呆萌的卡洛、来自盾牌座UY正义的圆圆、来自木星喜欢创造的木木，以及来自明日之星的智慧的小明。

学习中游戏　游戏中学习

“玩游戏咋那么起劲呢，学习就不能像你玩游戏一样吗？”“要是孩子学习像玩游戏一样积极该多好啊！”你们的爸爸妈妈是不是总说类似的话。

本书是用无人机完成任务的方式学习Python编程的教程，结合多种情景和游戏设计，融合语文、数学、英语、科学等相关知识。有趣的游戏项目能让我们愉快地学习，多学科知识的融合应用能帮助我们提高分析问题、解决问题的能力，使我们以后遇到各种问题时，都能冷静分析解决，战胜各种难题！

漫画引入

每课均从精奇博士、乐乐、卡洛、圆圆、木木和小明之间发生的一系列有趣故事开始，快点来看看都发生了哪些好玩的事情吧！

本课的任务是使用无人机帮助农民伯伯完成农作物的杀虫工作。在完成杀虫任务时，由于农作物受虫灾危害的程度不同，所以需要让无人机采取不同间隔距离的方式喷洒农药，任务目标如图2.1所示。

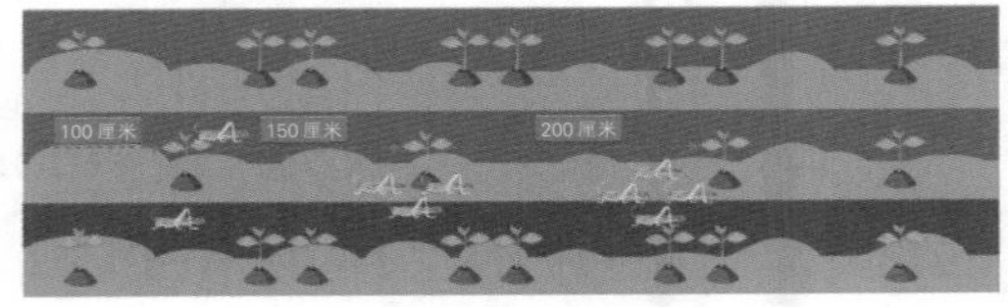

图2.1 本课任务示意图

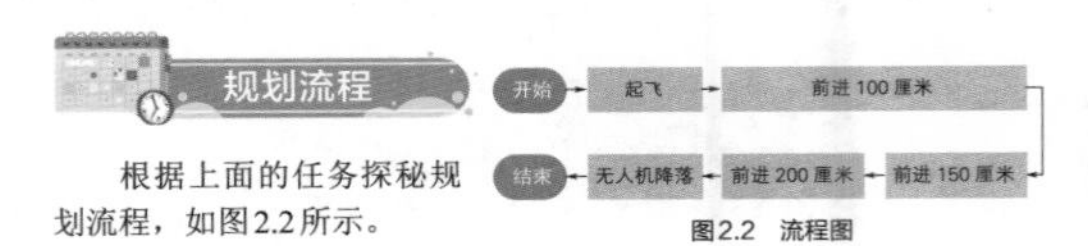

根据上面的任务探秘规划流程，如图2.2所示。

图2.2 流程图

游戏情景式学习

通过有趣的情景或者游戏引出本课任务，并用流程图形式帮你理清学习思路。

编程实现

第1步 使用Python IDLE开发工具，打开“春种秋收.py”文件，文件打开后将显示如图2.3所示的代码编辑窗口。

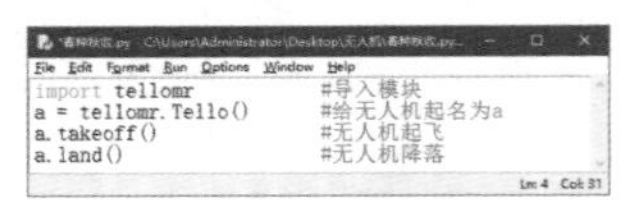

图2.3 Python代码编辑窗口

实践 + 探索学习方式

打破传统的编程学习方式，本书用无人机作为载体，通过实践方式引导、探索完成任务，激发主动学习意识，挖掘内在潜力。

挑战无处不在

学习最重要的是“学会”，书中设计的挑战空间栏目，让你勇于挑战自己，并且可以通过知识卡片巩固学到的内容。

任务一：定点补给

为了更好地完成农耕任务，此次将进行无人机定点补给任务，任务要求使用变量设置多个不同的前进距离（需测量），并到达每个补给点，如图2.9所示。

无人机新指令
- 左平移：left()函数
- 右平移：right()函数

本书的学习方法

方法1　循序渐进学习，多动手

本书知识按照从易到难的结构编排，所以我们建议从前往后，并按照每课中的内容循序渐进地学习，并且在学习过程中，一定要多动手实践（本书使用无人机进行实践，因此需要准备大疆Tello无人机一台；另外，本书编程需要在电脑上安装Python，具体下载安装过程请参考本书附录）。

方法2　经常复习，多思考

天才出自勤奋，很少有人能做到过目不忘！只有多温故复习，并且在学习过程中多思考，培养自己的思维能力，久而久之，才能做到“熟能生巧”。

方法3　要有耐心，编程思维并不是一朝形成的

每次学习时间最好限制在60分钟以内，每课可以分为两次学习。编程思维从来不是一朝一夕就能培养起来的，唯有坚持，才有可能成就更好的自己。

方法4　邀请爸爸妈妈一起参与吧

在学习时，邀请爸爸妈妈一起参与其中吧！本书中提供了运行效果和微课视频，需要配合电子产品使用，这也需要爸爸妈妈的帮助，你才能更好地利用这些资源去学习。

要感谢的人

在本书编写过程中，我们征求了全国各地很多优秀教师和教研人员的意见，书稿内容由常年从事信息技术教育的优秀教师审定，全书漫画和图画素材由专业团队绘制，在此表示衷心的感谢。

在编写过程中，我们以科学、严谨的态度，力求精益求精，但疏漏之处在所难免，衷心希望您在使用本书过程中，如发现任何问题或者提出改善性意见，均可与我们联系。

- 微信：明日IT部落
- 企业QQ：4006751066
- 联系电话：400-675-1066、0431-84978981

明日之星教研中心

如何使用本书

本书共12课，每课基本学习顺序是一样的，先从开篇漫画开始，然后按照任务探秘、规划流程、探索实践、学习秘籍和挑战空间的顺序循序渐进地学习，最后是知识卡片。在学习过程中，如果“探索实践”部分内容有些不理解，可以先继续往后学习，等学习完“学习秘籍”的内容后，你就会豁然开朗。学习顺序如下：（本书学习过程中需要使用Python，可以参考附录下载并安装Python；另外，本书使用无人机进行实践，因此需要准备大疆Tello无人机一台，如果需要，可以到大疆官方网站自行购买。）

小勇士，快来挑战吧！

开篇漫画：知识导引
任务探秘：任务描述、预览任务效果
规划流程：理清思路
探索实践：编程实现、程序测试
学习秘籍：探索知识、学科融合
挑战空间：挑战巅峰
知识卡片：思维导图总结

互动App——一键扫码、互动学习
微课视频——解除困惑、沉浸式学习

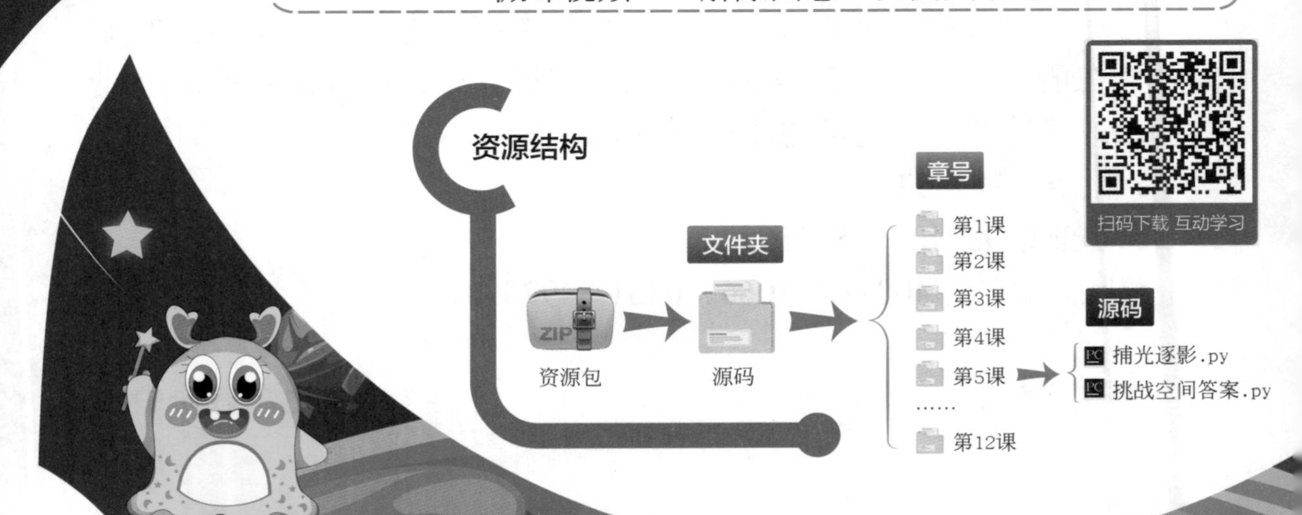

人物介绍

一天傍晚，依林小镇东方的森林里出现一个深坑，从造型奇特的飞行器中走出几个外星人，来自外太空的卡洛和他的小伙伴们就这样带着对地球的好奇在小镇生活下来。

卡洛（仙女星系）

关键词：机灵 呆萌

来自距地球254万光年的仙女星系，对地球的一切都很感兴趣，时而聪明，时而呆萌，乐于助人。

圆圆（盾牌座UY）

关键词：正义 可爱

来自一颗巨大的恒星：盾牌座UY；活泼可爱，有点娇气，虽然偶尔在学习上犯小迷糊，但正义感十足。

木木（木星）

关键词：爱创造 憨厚

性格憨厚，总因为抵挡不住美食诱惑而闹笑话，但对于数学难题经常有令人惊讶的新奇解法。

小明（明日之星）

关键词：智慧 乐观

充满智慧，学习能力强，总能让难题迎刃而解。精通编程算法，有很好的数学思维和逻辑思维。平时有点小骄傲。

精奇博士（地球）

关键词：博学 慈爱

行走的“百科全书”，无所不知，喜欢钻研。经常教给小朋友做人的道理和有趣的编程、数学知识。

乐乐（地球）

关键词：爱探索 爱运动

依林小镇的小学生，喜欢天文、地理；爱运动，尤其喜欢玩滑板。从小励志成为一名伟大的科学家。

目录

第1课

紧急救援

本课学习目标

- 了解 Python 编程语言
- 了解无人机
- 编程控制无人机实现起飞、前进和降落
- 了解简单的消防知识

扫描二维码
获取本课资源

任务探秘

从今天开始，我们将结识一位新朋友，它将和我们一起学习，这位新朋友就是无人机小洛，我们来看一下它的名片。

- 英文名字：Tello
- 中文名字：特洛无人机
- 昵称：小洛
- 籍贯：中国
- 技能：使用Scratch或Python编程语言控制无人机小洛实现各种飞行任务。

本课的任务是通过Python代码控制无人机完成如图1.1所示的闹市区灭火任务。在这次任务中需要根据4种不同的火情，控制无人机采取不同的方案进行灭火，其中要注意无人机飞行的方向与距离。

图1.1　本课任务示意图

根据上面的任务探秘规划流程，如图1.2所示。

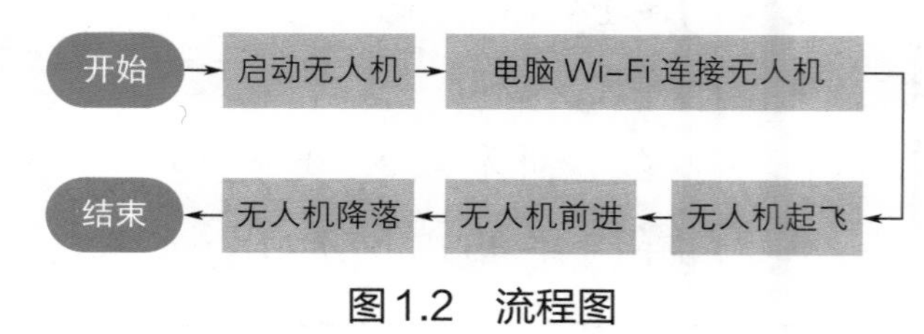

图1.2　流程图

编程实现

第1步 单击电脑桌面左下角的“开始”菜单，然后在菜单中找到Python的IDLE开发工具，如图1.3所示。

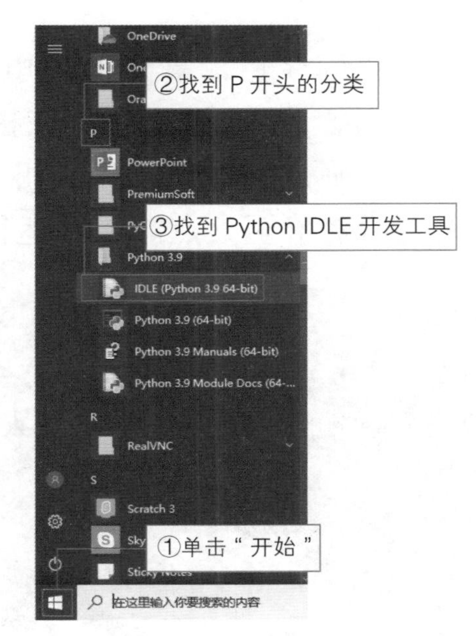

图1.3　找到Python的IDLE开发工具

第2步 打开IDLE开发工具以后，在左上角依次单击“File”→“Open”找到打开Python文件的选项，如图1.4所示。

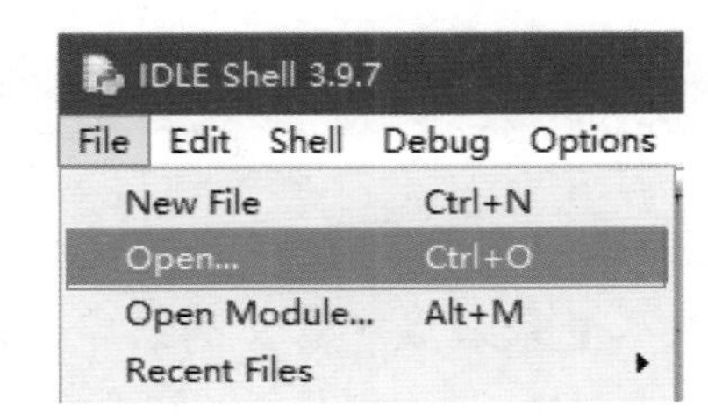

图1.4　找到打开Python文件的选项

第3步 在打开窗口中选中“紧急救援.py”文件，单击“打开”按钮，文件打开后将显示如图1.5所示的代码编辑窗口。

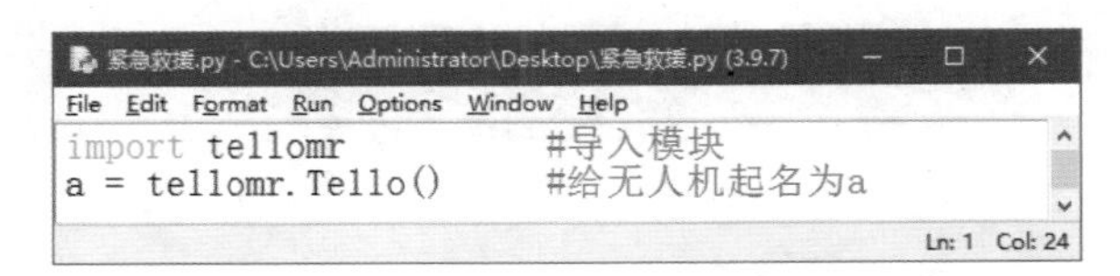

图1.5　Python代码编辑窗口

第4步 在代码编辑窗口中填写控制无人机起飞、向前移动以及降落的命令，其中，forward()代码中的括号内可以填写以厘米为单位的实际飞行距离。代码如下：

```
01  import tellomr              #导入模块
02  a = tellomr.Tello()         #给无人机起名为a
03  a.takeoff()                 #无人机起飞
04  a.forward(190)              #无人机向前移动190厘米
05  a.land()                    #无人机降落
```

测试程序

编写完程序后，需要使用电脑通过Wi-Fi连接无人机，然后在键盘上按下<F5>键运行程序，在提示保存文件的窗口中输入一个文件名，单击“确定”按钮，无人机将从停机坪起飞，然后向指定火点飞去，灭火后降落至火点。程序运行效果如图1.6所示。

图1.6　无人机飞向指定火点

说明

文件名一般使用数字、英文字母命名。另外，文件名应当以方便查找为主，所以尽量命名成有意义的名字，比如tello01、py01等。

学习秘籍

英语角

import

进口；引进；导入；移入

forward

向前的；向前；前进；进展

takeoff

起跳；起飞

land

土地；陆地；大地；降落；着陆

认识Python

Python中文翻译为“蟒蛇”，诞生于1990年，是由Python之父吉多·范·罗苏姆设计的一款解释型编程语言。经过数十年的发展，Python已经成了当下最热门的语言之一。之所以如此受欢迎，是因为它有如图1.7所示的众多优秀的“品质”。

1. 简单、易学（贴近人类语言）;
2. 代码规范且开发效率高;
3. 有丰富的工具库;
4. 在大数据和人工智能领域应用广泛。

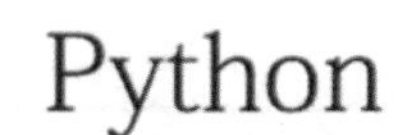

当你掌握了 Python 语言后，你可以创建网站、开发程序、编写游戏程序、抓取数据、训练 AI ……这么多酷炫的事情在等着你哦。

图1.7　Python的特点

编程语言是用来定义计算机程序的形式语言，它是一种被标准化的交流技巧，用来向计算机发出指令。一般分为解释型与编译型两种：解释型编程语言就是在程序运行时，一边执行程序一边进行转换，用到哪些源代码就转换哪些源代码，例如Python、JavaScript、PHP等，都是解释型编程语言；而编译型编程语言在程序运行时需要一次性将所有源代码转换成计算机可以读懂的二进制指令，例如C语言、C++等。

认识无人机小洛

本课任务主要通过无人机去执行，因此，让我们首先来认识一下无人机——小洛。

无人机小洛非常强大，支持多种操控方式，如App操控、遥控器操控、Scratch编程、Python编程等。无人机小洛的图像传输距离为100米（支持720p），最长续航时间为13分钟，内置2个天线智能切换。无人机小洛如图1.8所示。

小知识

续航时间又被称为航时，是指飞机在空中不进行加油的情况下，耗尽燃料所持续飞行的时间，这里的续航时间是指无人机在电池满电情况下能够飞行的时间。

如果想要控制无人机小洛，首先需要找到它的机头，然后在无人机右侧轻按一下开关，此时机头会有提示灯闪烁，在电脑端通过Wi-Fi连接无人机，最后通过电脑编写无人机指令即可控制无人机飞行，如图1.9所示。

图1.8　无人机小洛

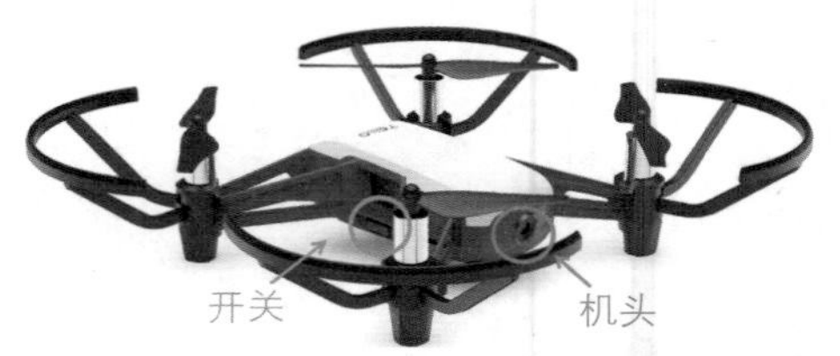

图1.9　无人机小洛的机头和开机按钮

无人机的应用领域

无人机的应用领域非常广泛，比如我们经常看到的航拍、考古、直播、交通监视、农药喷洒、灾害救援、治安维护、电力巡检等各个方面，都可以用无人机去帮助实现。比如在低空拍摄的状态下计算植株数量、在火灾现场实现热源监控、夜空中无人机巡逻治安等等，如图1.10所示。

图1.10　无人机应用领域

无人机的起飞、降落、前进

（1）takeoff()函数

功能：无人机的takeoff()函数用于控制无人机起飞，如图1.11所示。

语法：

```
无人机名字.takeoff()
```

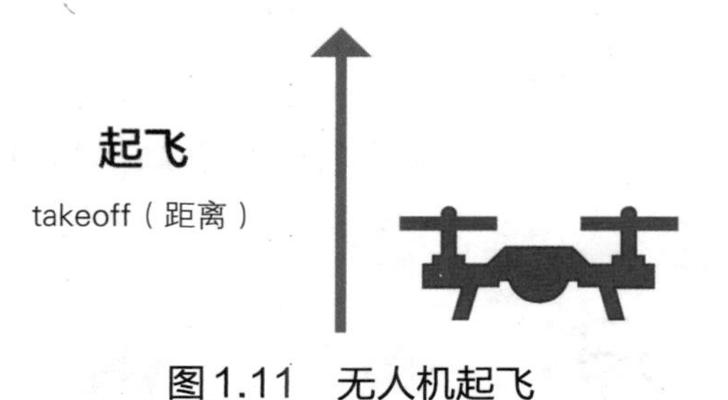

图1.11　无人机起飞

说明

无人机起飞后，上升高度约60厘米。60厘米是无人机默认上升高度。

（2）land()函数

功能：无人机的land()指令用于控制无人机降落，如图1.12所示。

语法：

```
无人机名字.land()
```

图1.12　无人机降落

说明

无人机执行land()降落指令以后，无人机将自动降落（不限制任何高度）。

（3）forward()函数

功能：无人机的forward()指令可以控制无人机前进飞行，如图1.13所示。

图1.13　无人机前进飞行

语法：

```
无人机名字.forward(距离)
```

说明

无人机前进的距离参数单位为厘米（cm）。

任务一：精准降落

为了让无人机更加精准地进行灭火救援，此次任务要求无人机进行精准降落的训练。无人机起飞后根据测量的前进距离飞向目标停机坪进行精准降落，如图1.14所示（假设起点距离停机坪距离为3米）。

图1.14　挑战任务一示意图

任务二：连续救援

某市某楼发生了严重火灾，我们需要控制自带灭火器式无人机前往灭火，请你规划行进路线并完成该任务。完成第一处火点的灭火任务后降落无人机，进行无人机的补给与维护工作，然后再次飞向第二处火点进行灭火救援，如图1.15所示。

图1.15　挑战任务二示意图

- Python知识
  - Python 中文翻译为“蟒蛇”
  - 作者：吉多·范·罗苏姆
  - 特点
- 无人机知识
  - 多种操控方式
  - 性能特点
  - 应用领域
- 无人机指令
  - 起飞：takeoff() 函数
  - 降落：land() 函数
  - 前进：forward() 函数

第2课

春种秋收

本课学习目标

- 巩固无人机起飞、前进、降落指令的使用
- 掌握如何创建和使用变量
- 掌握两种注释的用法
- 了解春种秋收的过程

扫描二维码
获取本课资源

任务探秘

本课的任务是使用无人机帮助农民伯伯完成农作物的杀虫工作。在完成杀虫任务时，由于农作物受虫灾危害的程度不同，所以需要让无人机采取不同间隔距离的方式喷洒农药，任务目标如图2.1所示。

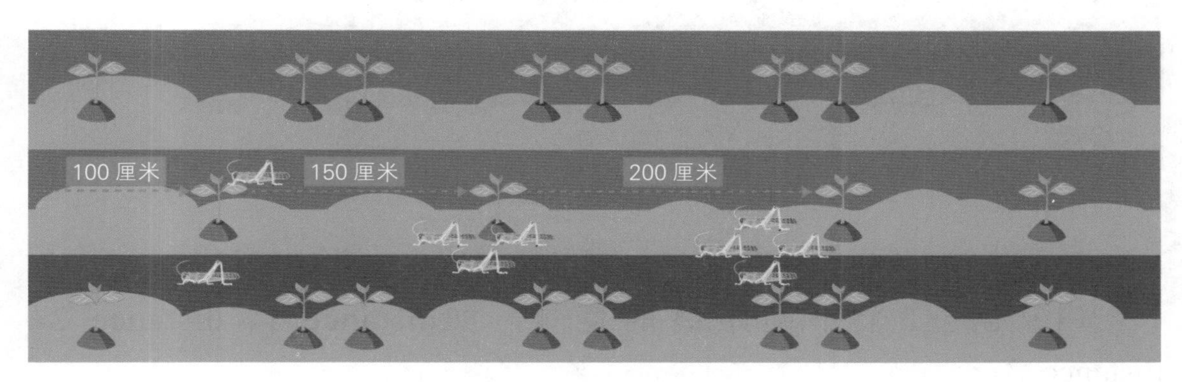

图2.1　本课任务示意图

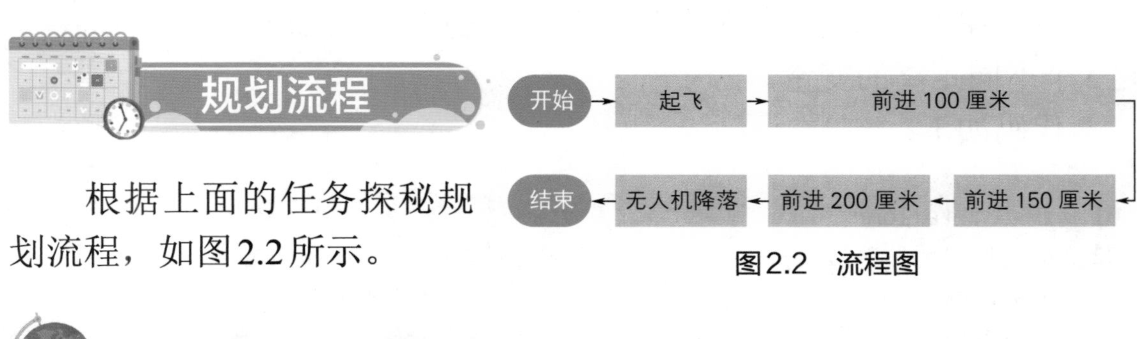

规划流程

根据上面的任务探秘规划流程，如图2.2所示。

图2.2　流程图

探索实践

编程实现

第1步　使用Python IDLE开发工具，打开“春种秋收.py”文件，文件打开后将显示如图2.3所示的代码编辑窗口。

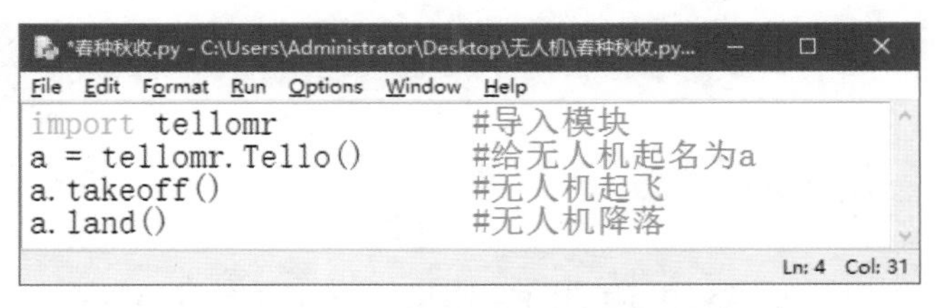

图2.3　Python代码编辑窗口

第2步 作物在生长的过程中出现了不同程度的蝗虫灾害，所以需要使用无人机按照蝗虫灾害不同程度的距离进行杀虫，如图2.4所示，扫码查看动画演示效果。

图2.4 不同程度的蝗虫灾害

第3步 在执行杀虫任务时，可以按照以下步骤编写代码：

（1）创建3个不同距离的变量，如distance_1、distance_2、distance_3。

（2）为这3个变量设置表示不同距离的变量值100、150、200。

（3）在无人机前进代码中分别调用distance_1、distance_2、distance_3这3个不同距离的变量。

代码如下：

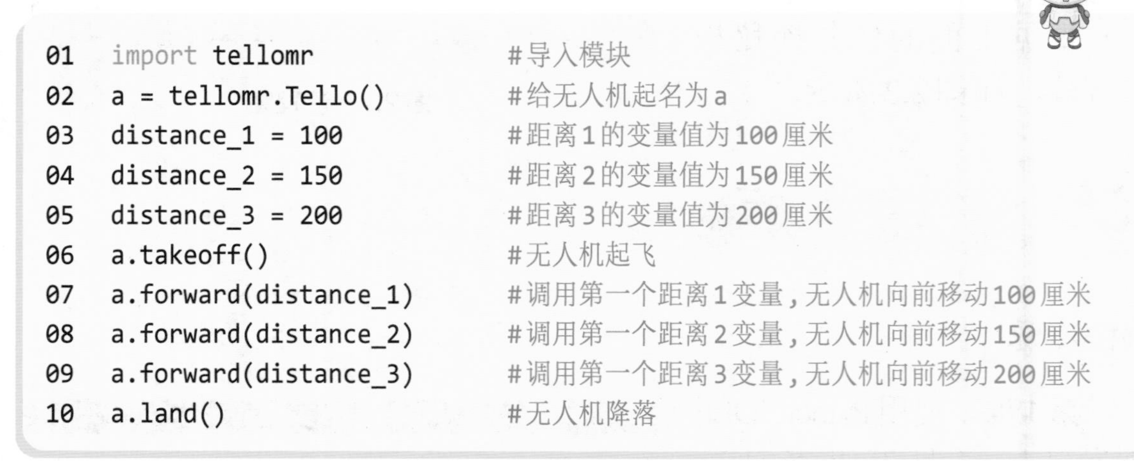

```
01  import tellomr                #导入模块
02  a = tellomr.Tello()           #给无人机起名为a
03  distance_1 = 100              #距离1的变量值为100厘米
04  distance_2 = 150              #距离2的变量值为150厘米
05  distance_3 = 200              #距离3的变量值为200厘米
06  a.takeoff()                   #无人机起飞
07  a.forward(distance_1)         #调用第一个距离1变量,无人机向前移动100厘米
08  a.forward(distance_2)         #调用第一个距离2变量,无人机向前移动150厘米
09  a.forward(distance_3)         #调用第一个距离3变量,无人机向前移动200厘米
10  a.land()                      #无人机降落
```

测试程序

无人机起飞后将依次前进100厘米、150厘米、200厘米，以便将

所有蝗虫全部消灭。经过我们不断努力，农作物终于长出了果实，如图2.5所示。

图2.5　农作物长出果实

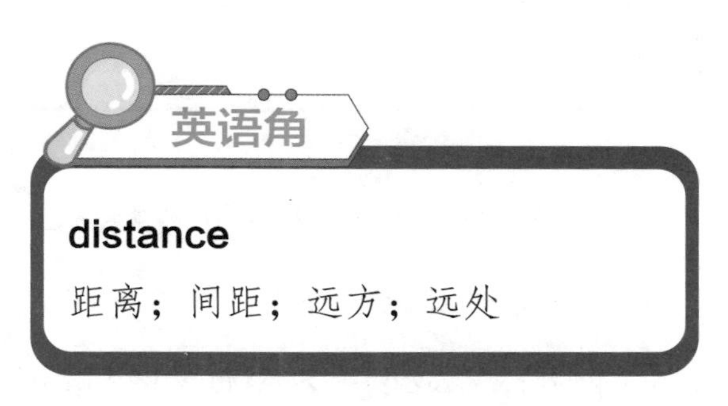

巧用变量存储数据

变量就是可以变化的量。在编程中，变量是用来存放数据的容器。在Python中这个容器可以包容万物，任何类型的数据都可以进行存放和使用。如果将数字4放在一个名字叫作a的箱子中，那么我们以后就可以使用这个a来代替数字4了，如图2.6所示。

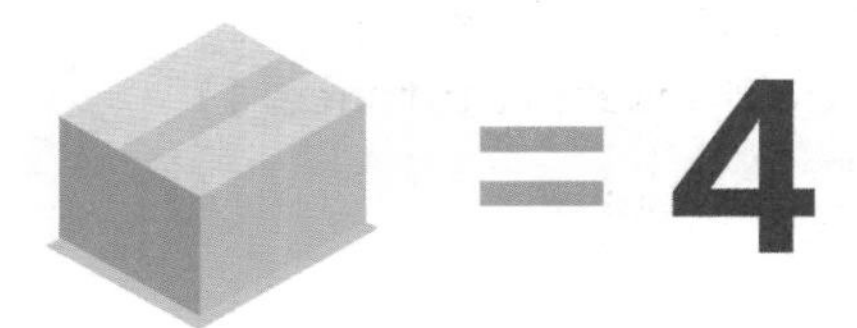

图2.6　变量好比将数据装入带名字的盒子中

：乐乐！在Python中，是不是不需要声明变量名及类型，直接赋值就可以创建各种类型的变量啊？

：是的，但对于变量的命名并不是任意的，应遵循以下几条规则：

（1）变量名必须是一个有效的标识符。

（2）变量名不能使用Python中的保留字。

（3）慎用大写字母I和O。

（4）应选择有意义的单词作为变量名称。

小知识

Python编程中有一些常用的术语，这里带领大家来认识一下。声明表示创建一个新的东西，比如声明变量就表示创建变量；赋值表示传递新的值，也就是把等号右边的数据传递给左边的变量；标识符是一个名字，它可以由A~Z和a~z、下画线、数字等组成，但第一个字符不能是数字；保留字，也叫关键字，是Python中已经使用的一些有意义的单词或者单词组合，例如import、if等。

为变量赋值可以通过符号“=”来实现。语法格式如下：

```
变量名=value
```

例如，本课任务中使用变量记录飞机前进距离，代码如下：

```
01  distance_1 = 100           #距离1的变量值为100厘米
02  a.forward(distance_1)      #调用第一个距离1变量，无人机向前移动100厘米
```

注释的作用

在本课任务代码中，我们发现代码后面有一些红色的字，并且在这些红色文字前面都有一个符号“#”，例如：

```
01  import tellomr             #导入模块
02  a = tellomr.Tello()        #给无人机起名为a
03  distance_1 = 100           #距离1的变量值为100厘米
```

这类语句，我们把它叫作注释，注释的作用主要是标注某段代码的用途。比较常见的注释有两种：一种是前面带有#号的代码，这种

注释叫作单行注释，只能标注一行代码，如图2.7所示；另一种注释是被三个单引号或者三个双引号所包裹的代码，如图2.8所示。这种注释叫作多行注释，顾名思义就是可以写很多行的标注内容，通过多行注释可以更加详细地介绍代码的用途。示例代码如下：

图2.7 单行注释

```
01  '''
02  赛尔号无人机需要完成以下任务：
03  1.播种
04  2.施肥
05  3.杀虫
06  '''
```

'''无人机1号程序'''

"""无人机2号程序"""

图2.8 多行注释

任务一：定点补给

为了更好地完成农耕任务，此次将进行无人机定点补给任务，任务要求使用变量设置多个不同的前进距离（需测量），并到达每个补给点，如图2.9所示。

图2.9 挑战任务一示意图

任务二：人工降雨

无人机小洛在自动巡查农田的任务中发现一处干旱已久的农田，由于干旱程度不同，所以需要无人机分区域实施人工降雨。按照地图标记的3处位置，使用变量修改无人机前进的距离，实施人工降雨即可完成此次任务，如图2.10所示。

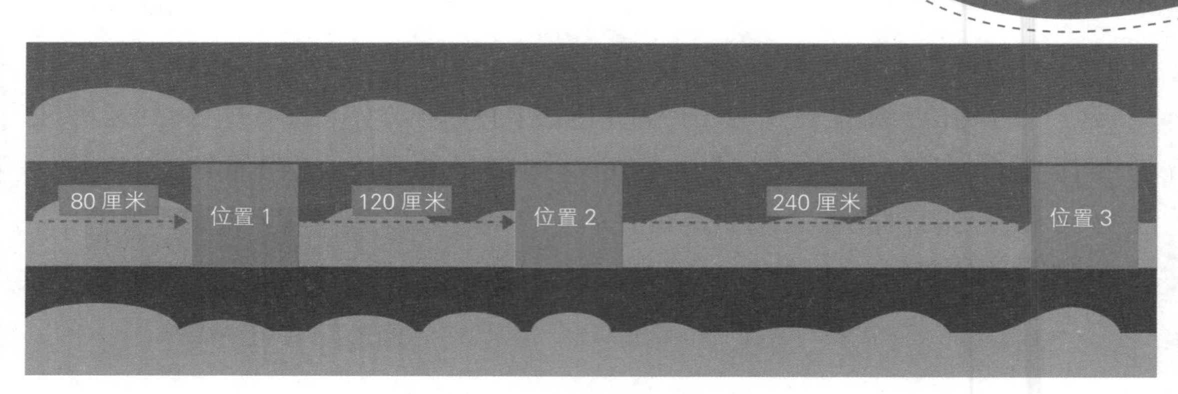

图2.10　挑战任务二示意图

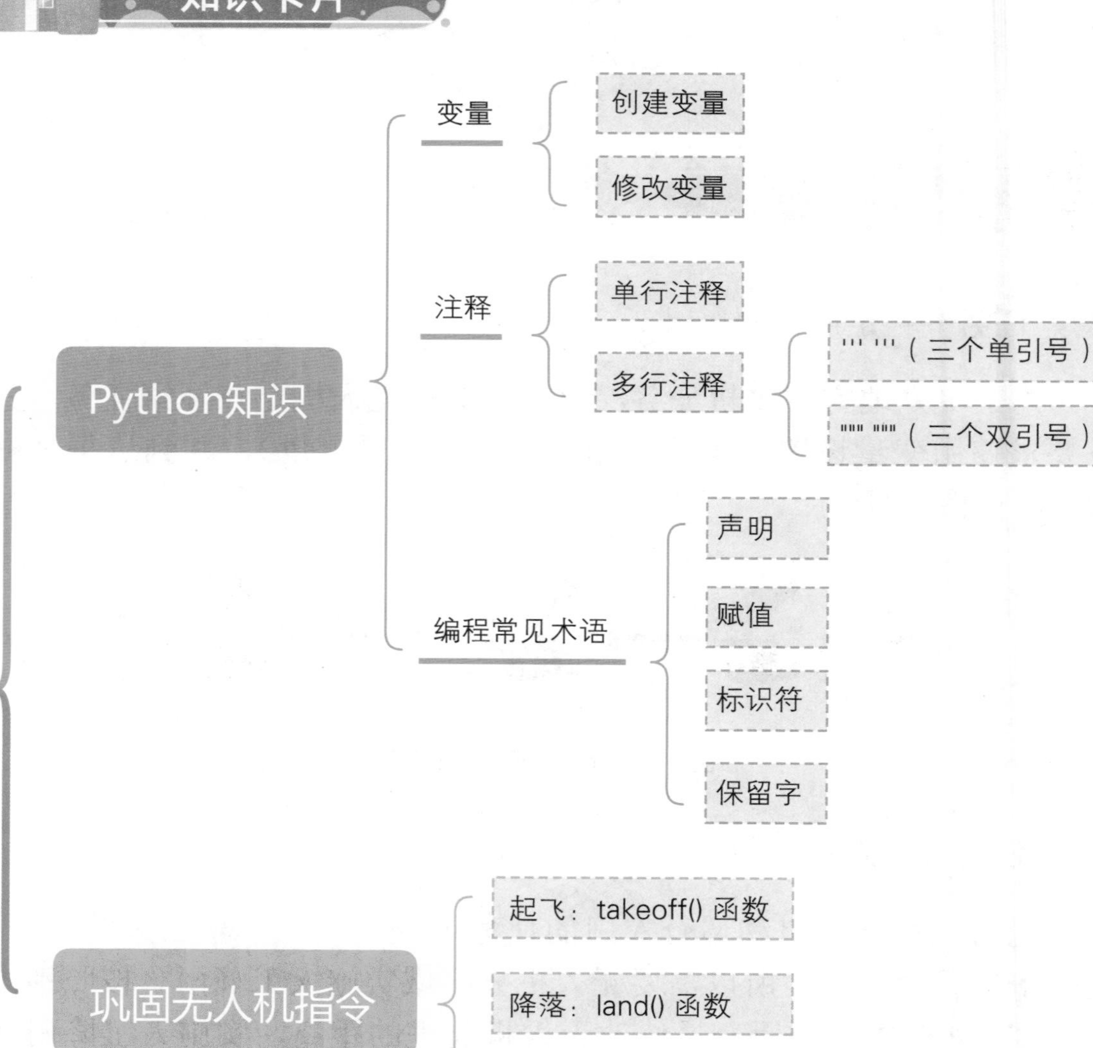

第3课

荒野寻宝

本课学习目标

- 巩固变量的使用
- 巩固无人机起飞、前进、降落指令的使用
- 编程控制无人机实现上升、下降
- 了解简单的地理知识
- 了解 print() 函数的基本用法以及简单的数据类型

扫描二维码
获取本课资源

任务探秘

此次的任务是去往中国最大的沙漠——塔克拉玛干沙漠，传说这里有很多宝藏，假定我们在经过不懈努力后，终于到达了沙漠中心的宝藏藏匿处，控制无人机躲开火龙的攻击，穿越危险的火圈，夺得宝藏吧！本课任务示意如图3.1所示。

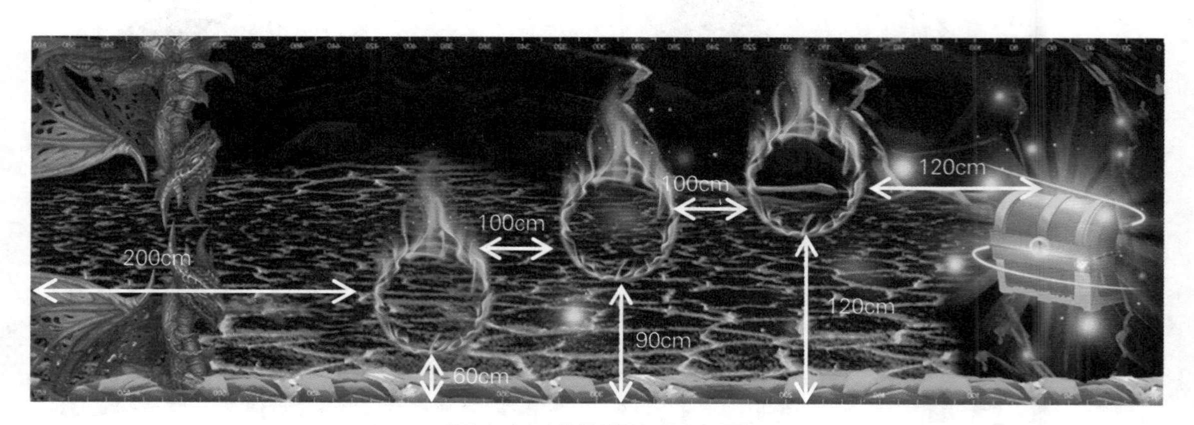

图3.1　本课任务示意图

规划流程

根据上面的任务探秘规划流程，如图3.2所示。

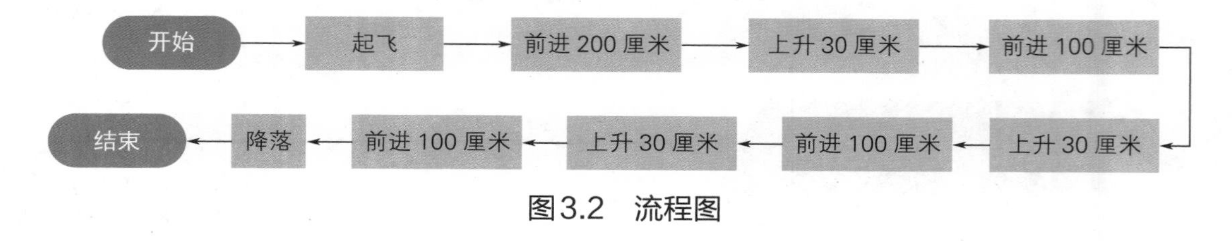

图3.2　流程图

探索实践

编程实现

通过分析可以按照以下步骤编写代码：

第1步 无人机需要前进200厘米到达火圈位置。

第2步 根据火圈的高度差（相邻的火圈相差30厘米），所以每次上升30厘米。

第3步 相邻火圈的固定间隔为100厘米，所以最终需要依次上升30厘米、前进100厘米，并重复3次。

代码如下：

```
01  import tellomr               #导入模块
02  a = tellomr.Tello()          #给无人机起名为a
03  a.takeoff()                  #无人机起飞
04  a.forward(200)               #无人机前进200厘米
05  a.up(30)                     #无人机上升30厘米
06  a.forward(100)               #无人机前进100厘米
07  a.up(30)                     #无人机上升30厘米
08  a.forward(100)               #无人机前进100厘米
09  a.up(30)                     #无人机上升30厘米
10  a.forward(100)               #无人机前进100厘米
11  a.land()                     #无人机降落
```

测试程序

将机头位置摆正，运行程序，无人机将按照如图3.3所示的要求进行宝藏获取的飞行任务，扫码查看动画演示效果。

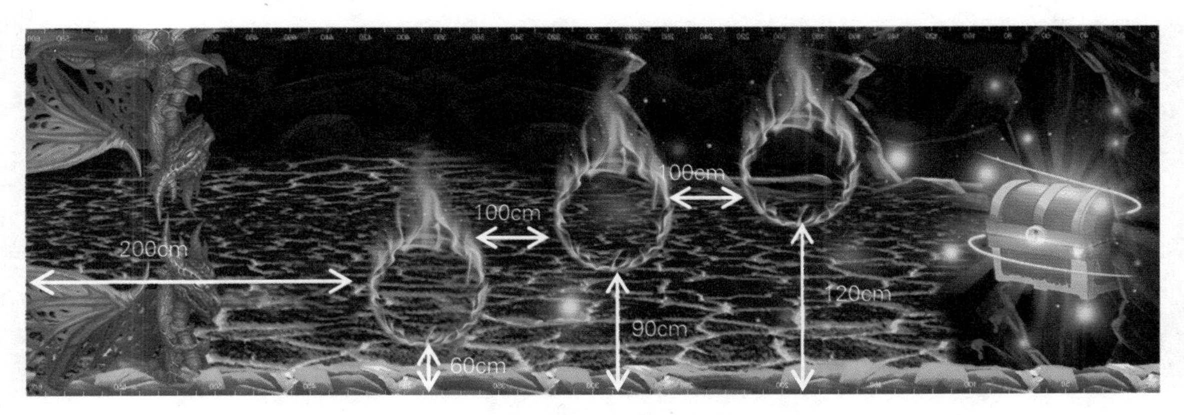

图3.3 荒野寻宝程序运行效果图

机头位置必须摆正，否则无人机的飞行轨迹会出现偏差（无人机会因环境、光照、风力等因素发生轻微偏差，这属于正常现象）。

优化程序

：乐乐！沙漠那么大，无人机（小洛）的电池没电了怎么办啊？

：嗯，这确实是个问题。有了，我们可以使用print()函数查看电池的电量，根据情况看看是否需要更换电池。

在代码编辑窗口中导入无人机控制模块，命名后就可以使用print()函数结合无人机的get_battery指令查看无人机剩余电量了。代码如下：

```
01  import tellomr                 #导入模块
02  a = tellomr.Tello()            #给无人机起名为a
03  print(a.get_battery)           #输出无人机剩余电量
```

运行程序，控制台将显示如图3.4所示内容，可以看到当前电量只剩17%（满电状态为100%），所以为了探险任务顺利完成，应该更换电池。

```
Send Command: battery?
17
```

图3.4　输出剩余电量

每次运行时，显示的无人机剩余电量是不同的，一般剩余电量小于20%时，需要更换电池。

up

向上、往上移动

print

打印；在纸上印

down

向下；朝下；在下面

Python是如何输出内容的

功能： 在Python中，使用print()函数可以将结果（以文字形式）输出到IDLE或者标准控制台上。

语法：

```
print(x)
```

☑ x：表示需要打印在控制台中的内容。

举例：

输出内容可以是数字和字符串（字符串需要使用引号括起来），这类内容将直接输出；也可以是包含运算符的表达式（算式），这类内容会将计算出的结果输出。代码如下：

```
01  a = 100                          #变量a,存储的值为100
02  b = 5                            #变量b,存储的值为5
03  print(9)                         #输出数字9
04  print(a)                         #输出变量a的值为100
05  print(a+b)                       #让a和b相加,输出的结果为105
06  print("少壮不努力,老大徒伤悲")    #输出少壮不努力,老大徒伤悲
```

运行如上代码后，程序效果如图3.5所示（第一行和第二行设置变量a、b的值，不会输出到控制台）。

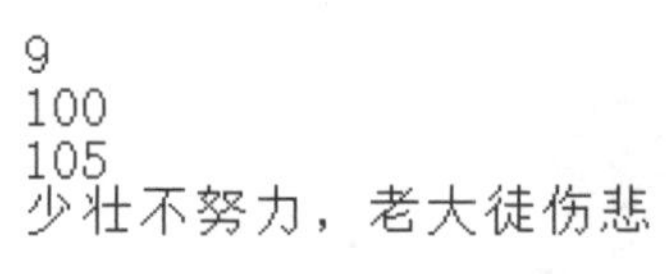

图3.5 代码运行图

控制台表示计算机系统中能够输入或者显示数据的一个窗口。

使用算术运算符进行四则运算

Python中的数字类型可以使用算术运算符进行四则运算，常用的算术运算符如表3.1所示。

表3.1 Python算术运算符

运算符	数学含义	举例	结果
+	加法运算	1+5	6
–	减法运算	44–3	41
*	乘法运算	5*5	25
/	除法运算	6/2	3.0
（）	括号优先运算	（12–2）*4	40

与日常数学符号不同，Python 中的乘法与除法的符号分别是“*”和“/”，初学者需要多多练习熟悉。

更快的代码编写方法

：乐乐！反复写相同的代码，好麻烦啊！有更方便的方法吗？

：有啊！鼠标操作复制、粘贴就是一个很实用的方法！

在IDLE中，按住鼠标左键后不放开，并移动鼠标选中内容（一般选中的内容会有一个背景框包裹），然后松开鼠标左键，并单击鼠标右键，会出现一个选择框，点击里面的Copy（复制），如图3.6所示即可完成复制。

```
import tellomr
a=tellomr.Tello()
print(a.get_battery)
```

Cut
Copy
Paste
Set Breakpoint
Clear Breakpoint

①复制操作

图3.6　鼠标执行复制操作

鼠标点击需要粘贴到的位置，单击鼠标右键，会出现一个选择框，点击里面的Paste（粘贴）（只有复制成功后Paste才可以点），即可完成粘贴操作。操作如图3.7所示。

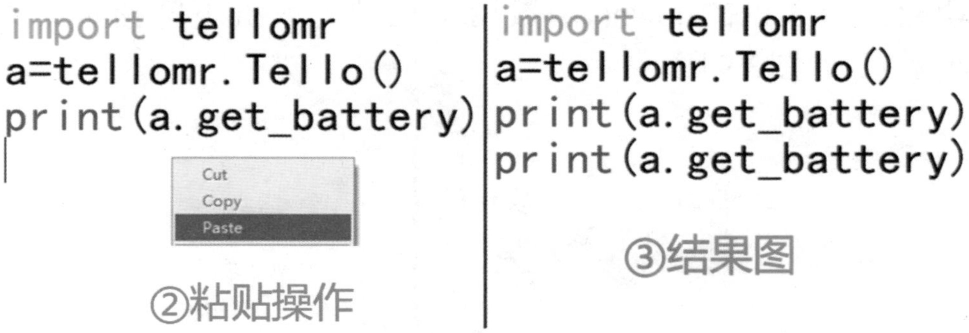

```
import tellomr
a=tellomr.Tello()
print(a.get_battery)
```

Cut
Copy
Paste

②粘贴操作

```
import tellomr
a=tellomr.Tello()
print(a.get_battery)
print(a.get_battery)
```

③结果图

图3.7　鼠标执行粘贴操作

说明

可以对一些重复使用的代码进行复制粘贴操作，这样可以提高代码的编写速度。

无人机的上升、下降

（1）up()函数

功能：无人机的up()函数用于控制无人机上升指定距离（单位：厘米），如图3.8所示。

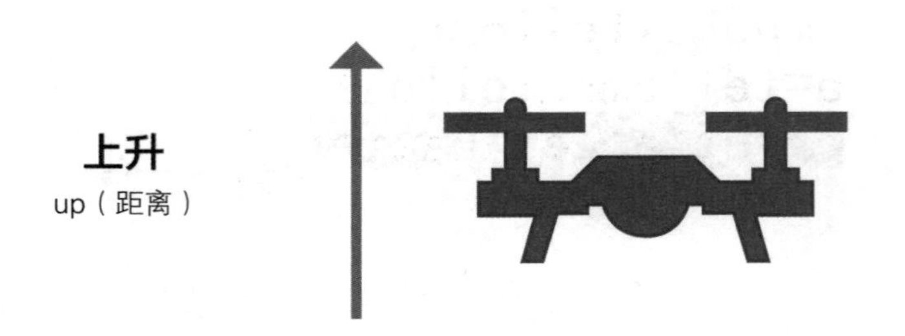

图3.8　无人机上升

语法：

```
无人机名字.up(距离)
```

（2）down()函数

功能：无人机的down()函数用于控制无人机下降指定距离（单位：厘米），如图3.9所示。

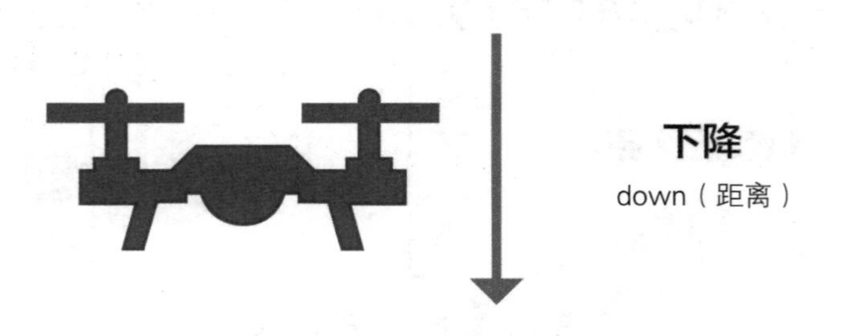

图3.9　无人机下降

语法：

```
无人机名字.down(距离)
```

挑战空间

任务一：安全返航

在我们成功地取得了恶龙镇守的宝藏后，需要从宝箱处原路返回到洞口。请你规划无人机的行进路线，让无人机可以安全返回，如图3.10所示。（提示：根据所学的无人机下降指令以及火圈的规律，搭配复制粘贴操作快速完成该任务。）

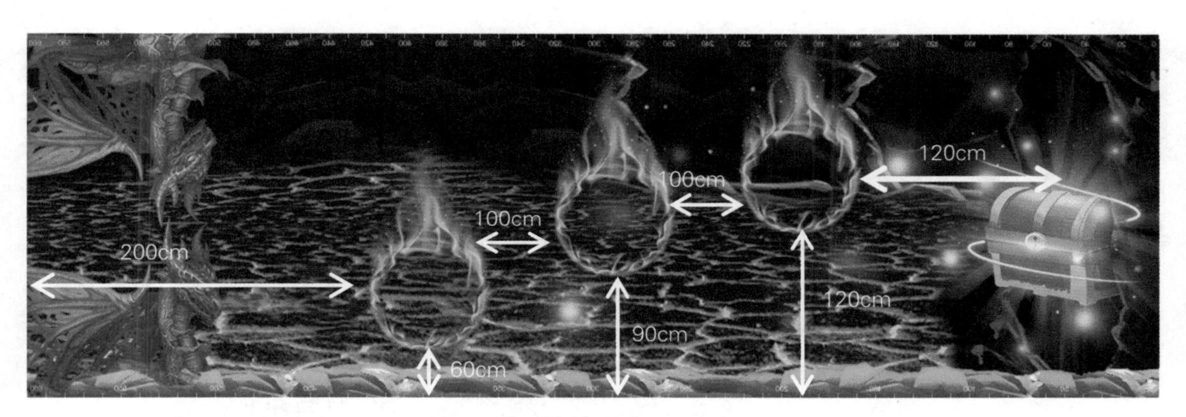

图3.10　挑战任务一示意图

任务二：触发机关

无人机安全返回至洞口时，不小心触发了洞中的机关，此时火圈将自动变换位置，3个火圈高度依次为120cm、60cm、120cm，请你重新规划飞行路线，完成无人机返回任务，如图3.11所示。（提示：根据火圈高度变化的规律，修改无人机飞行高度即可完成该任务。）

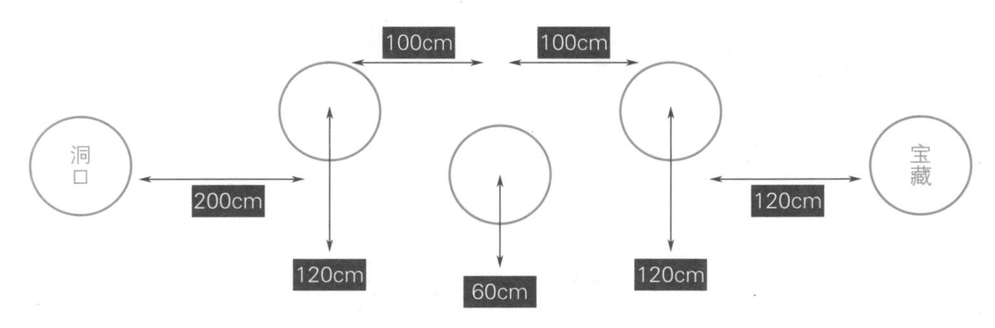

图3.11　挑战任务二示意图

- 无人机新指令
  - 上升：up() 函数
  - 下降：down() 函数
- Python知识
  - 输出：print() 内置函数
  - 算术运算符
    - 加法运算符“+”
    - 减法运算符“–”
    - 乘法运算符“*”
    - 除法运算符“/”
    - 括号优先运算 ()
- 计算机快捷操作
  - 复制：Ctrl+C
  - 粘贴：Ctrl+V

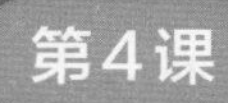

第4课 神秘的恐龙洞

本课学习目标

- 编程控制无人机实现左、右平移功能
- 使用 input() 函数传输无人机指令
- 了解恐龙小知识

扫描二维码
获取本课资源

任务探秘

无人机小洛在一次自动巡航中发现了一处神秘洞穴，并在洞穴的周边发现了大量的恐龙化石，无人机尝试进入洞穴进行侦察，但在飞行到出口时发生了岩石掉落的现象，此时需要无人机驾驶员手动控制无人机使用前进、后退、左、右平移等命令帮助无人机小洛逃出洞穴。如图4.1所示。

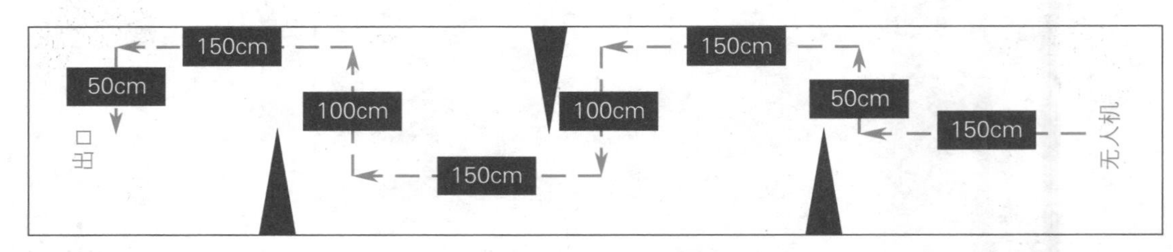

图4.1　本课任务示意图

规划流程

根据上面的任务探秘规划流程，如图4.2所示。

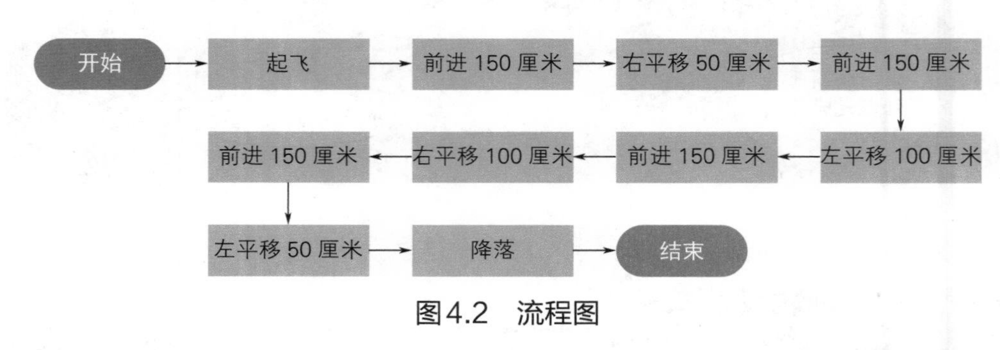

图4.2　流程图

探索实践

编程实现

第1步　使用Python的IDLE开发工具，打开“神秘的恐龙洞.py”

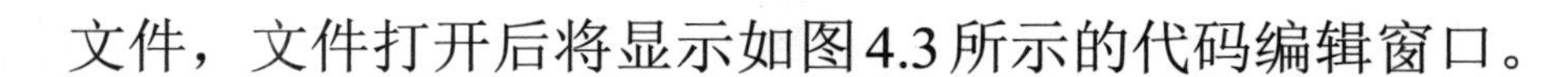

文件，文件打开后将显示如图4.3所示的代码编辑窗口。

```
神秘的恐龙洞.py - C:\Users\Administrator\Desktop\神秘的恐龙洞.p...
File Edit Format Run Options Window Help
import tellomr                # 导入模块
a = tellomr.Tello()           # 给无人机起名为a
a.takeoff()                   # 起飞
a.forward(150)                # 无人机前进150厘米

a.forward(150)                # 无人机前进150厘米

a.forward(150)                # 无人机前进150厘米

a.forward(150)                # 无人机前进150厘米

a.land()                      # 降落
                                              Ln: 1  Col: 0
```

图4.3 Python代码编辑窗口

第2步 在代码编辑窗口的空缺处依次填写无人机右平移50厘米、左平移100厘米、右平移100厘米、左平移50厘米的代码，躲过洞穴出口附近的岩石。完整代码如下：

```
01  import tellomr          #导入模块
02  a = tellomr.Tello()     #给无人机起名为a
03  a.takeoff()             #起飞
04  a.forward(150)          #无人机前进150厘米
05  a.right(50)             #右平移50厘米
06  a.forward(150)          #无人机前进150厘米
07  a.left(100)             #左平移100厘米
08  a.forward(150)          #无人机前进150厘米
09  a.right(100)            #右平移100厘米
10  a.forward(150)          #无人机前进150厘米
11  a.left(50)              #左平移50厘米
12  a.land()                #降落
```

测试程序

运行程序，无人机起飞后，依次按照前进、右平移、前进躲过第一处掉落的岩石；然后左平移、前进、右平移，躲过第二处掉落的岩石；再前进、左平移，最后降落在洞穴的出口处。程序运行效果如图4.4所示，扫码查看动画演示效果。

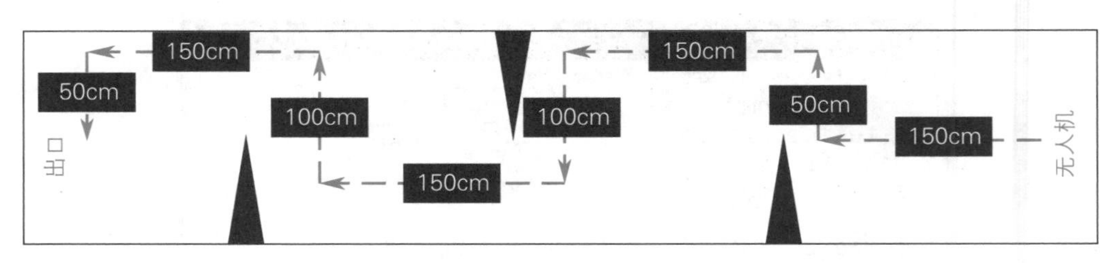

图4.4 无人机飞出洞口

优化程序

上面的任务代码中，无人机控制代码中的左、右平移都填写了固定的距离参数，为了让无人机可以更加灵活地移动，无人机科研小组决定，通过Python中的input()函数，实现在控制台中对无人机传输移动距离的指令，这样就可以根据实际需求来设置无人机平移的距离了。代码优化如下：

```
01  import tellomr                          #导入模块
02  a = tellomr.Tello()                     #给无人机起名为a
03  a.takeoff()                             #起飞
04  a.forward(150)                          #无人机前进150厘米
05  right_1 = int(input('请输入无人机向右平移的距离:'))
06  a.right(right_1)                        #右平移输入的距离
07  a.forward(150)                          #无人机前进150厘米
08  left_1 = int(input('请输入无人机向左平移的距离:'))
09  a.left(left_1)                          #左平移输入的距离
10  a.forward(150)                          #无人机前进150厘米
11  right_2 = int(input('请输入无人机向右平移的距离:'))
12  a.right(right_2)                        #右平移输入的距离
13  a.forward(150)                          #无人机前进150厘米
14  left_2 = int(input('请输入无人机向左平移的距离:'))
15  a.left(left_2)                          #左平移输入的距离
16  a.land()                                #降落
```

right

正确的、适当的、真实的、右边、向右

left

左边、左边的、向左、在左边

input

输入、输入的信息、投入

使用input函数进行输入

功能： input( )函数用于接收一个标准输入的数据。在Python中，使用内置函数input( )可以接收用户在控制台所输入的内容。

语法：

input( )函数的基本用法如下：

```
variable = input(''提示文字'')
```

☑ 其中，variable为保存输入结果的变量，双引号内的文字是用于提示要输入的内容的。

举例：

想要接收用户输入的内容，并保存到变量tip中，可以使用下面的代码。

```
tip = input("请输入文字：")
```

乐乐，这是什么情况，
为什么我输入1，
结果却报错了？

```
a = input("请输入数字")
print(a+1)
```

```
请输入数字1
Traceback (most recent call last):
  File "C:/Users/73454/AppData/Local/Programs/Python/Pyth
on39/123.py", line 2, in <module>
    print(a+1)
TypeError: can only concatenate str (not "int") to str
```

在Python 3中，无论输入的是数字还是字符，都将被作为字符串读取。如果想要接收数值，需要把接收到的数据进行类型转换。例如，想要接收整型的数字并保存到变量age中，可以使用下面的代码：

```
age = int(input("请输入数字:"))
```

控制无人机左、右平移

（1）left()函数

功能： 无人机的left()函数用于控制无人机左平移飞行（单位：厘米），如图4.5所示。

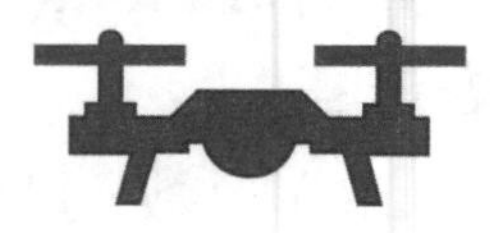

图4.5　无人机左平移飞行

语法：

```
无人机名字.left(距离)
```

（2）right()函数

功能： 无人机的right()函数用于控制无人机右平移飞行（单位：厘米），如图4.6所示。

右平移 right（距离）

图4.6　无人机右平移飞行

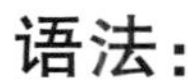

语法：

```
无人机名字.right(距离)
```

任务一：无人机绕桩飞行

此次任务需要使用无人机前进、左右平移等指令完成绕桩飞行任务，如图4.7所示。（提示：可以根据规律复制相同代码。）

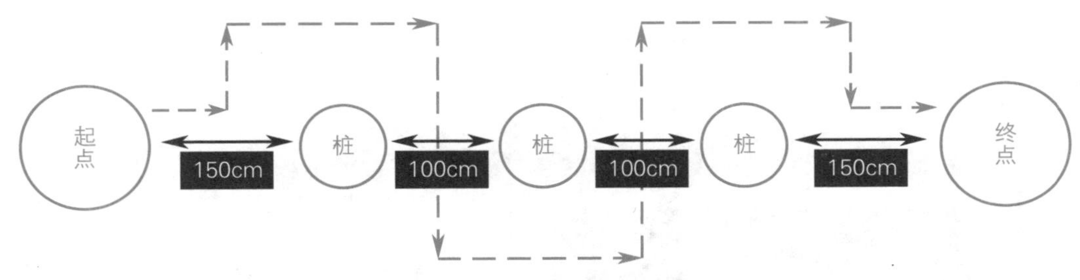

图4.7　挑战任务一示意图

任务二：穿越迷宫

此次任务要求使用input( )函数实现，在控制台中向无人机传送移动距离，控制无人机走出如图4.8所示的迷宫。（提示：需要测量好每次移动的距离。）

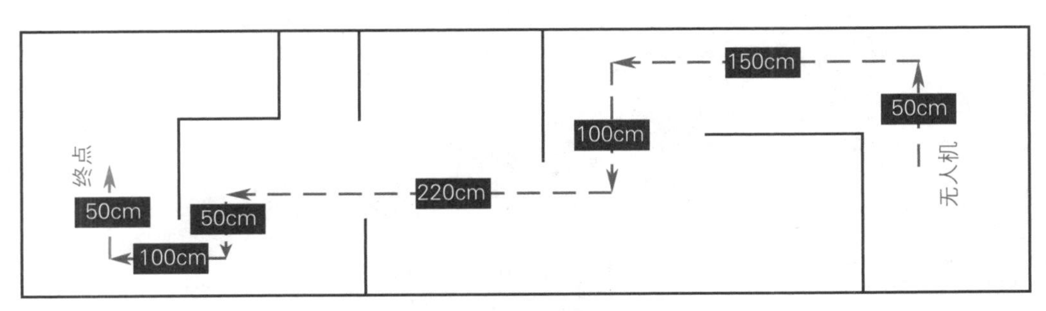

图4.8　挑战任务二示意图

- 无人机新指令
  - 左平移：left()函数
  - 右平移：right()函数
- Python知识
  - 获取输入内容：input()函数
- 巩固无人机指令
  - 起飞：takeoff()函数
  - 前进：forward()函数
  - 降落：land()函数

第5课

捕光逐影

本课学习目标

- 编程控制无人机实现后退和航拍功能
- 学习 Python 中的数据类型以及转换方式
- 熟悉按键 <Print Screen> 的用处
- 了解麋鹿以及为什么要监测野生动物

扫描二维码
获取本课资源

任务探秘

绝大部分野生动物，我们人类是无法轻易接近的，也就很难去保护它们。此次任务我们将使用无人机对野生动物进行监测，了解它们的生活习性，要求拍摄一张近距离麋鹿照片，如图5.1所示。

图5.1　本课任务图

规划流程

根据上面的任务探秘规划流程，如图5.2所示。

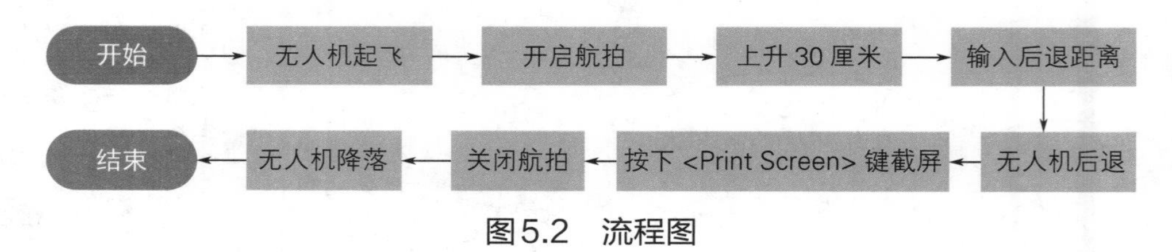

图5.2　流程图

探索实践

编程实现

根据上面分析可以按照以下步骤编写代码：

第1步　打开无人机航拍功能。

第2步　控制无人机起飞。

第3步　因为无人机默认离地高度为60厘米，无法进行拍摄，所以需要提升30厘米左右的高度，再后退50厘米左右即可（上升高度与后退距离不唯一，以看到全景为止）。

第4步　因为麋鹿在快速移动，所以需要抓住时机，瞬间按下

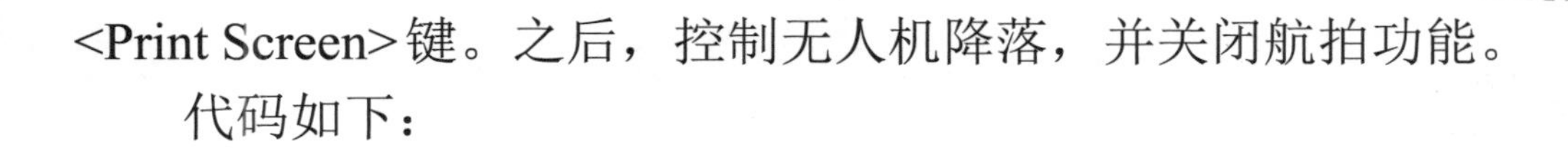

<Print Screen>键。之后，控制无人机降落，并关闭航拍功能。

代码如下：

```
01  import tellomr                  #导入模块
02  a = tellomr.Tello()             #给无人机起名为a
03  a.streamon()                    #开启航拍
04  a.takeoff()                     #无人机起飞
05  a.up(30)                        #无人机上升30厘米
06  a.back(50)                      #后退50厘米
07  a.land()                        #无人机降落
08  a.streamoff()                   #关闭航拍
```

截屏后，在计算机桌面左下角 中找到“画图3D”程序并打开，点击“新建”，按下粘贴快捷键<Ctrl+V>。效果应与图5.3所示类似。

说明

航拍可能会因为网络原因，有些许延迟，所以需要仔细观察计算机屏幕。

测试程序

运行程序，开启航拍功能后无人机起飞，上升指定距离，当电脑屏幕中显示完整的麋鹿时进行截屏，保存拍摄到的麋鹿照片，如图5.4所示。

图5.3　截屏效果展示图

图5.4　保存拍摄的麋鹿照片

优化程序

在拍摄完单只麋鹿后，需要对麋鹿群拍摄一张（包含六只以上的麋鹿）图片，方便我们分析麋鹿的生存环境和种群情况。无人机在起飞处因为视野受限，拍摄不到多只麋鹿，所以需要配合input( )函数，来控制无人机上升和下降的距离，到达合适的位置后，再进行截屏操作。代码优化如下：

```
01  import tellomr                    #导入模块
02  a = tellomr.Tello()               #给无人机起名为a
03  a.streamon()                      #开启航拍
04  a.takeoff()                       #无人机起飞
05  distance01 = int(input("输入上升距离"))
                                      #使用input指令输入上升距离，并存入变量中
06  a.up(distance01)                  #无人机上升变量所存距离
07  distance02 = int(input("输入后退距离"))
                                      #使用input指令输入后退距离，并存入变量中
08  a.back(distance02)                #无人机后退变量所存距离
09  a.land()                          #无人机降落
10  a.streamoff()                     #关闭航拍
```

stream

流动；流；流出；溪；小河

on

在活动；通着；在……上；由……支撑着

off

起跑；不再会发生；离开（某处），关掉

back

后退；倒退；背后的；后面的

如何选择数据的类型

乐乐抓到了一群报错的数据类型，请你帮助乐乐给它们归类吧。

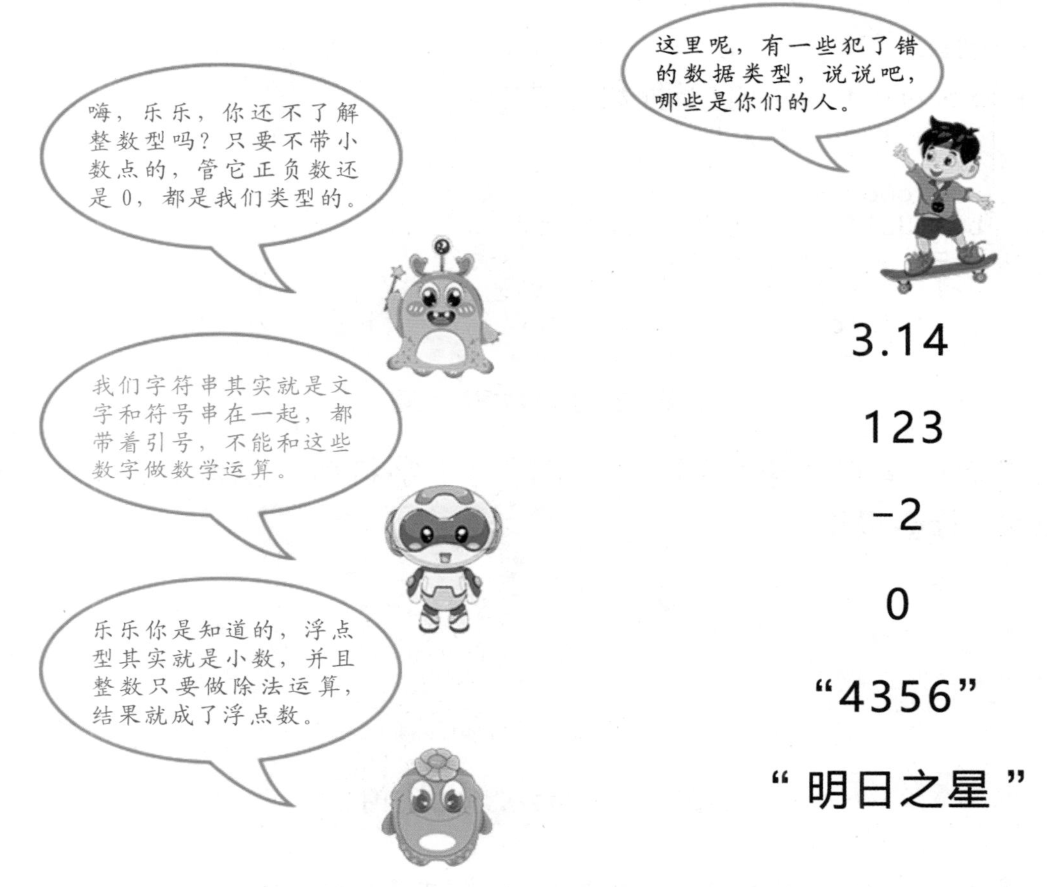

功能：在编程中，数据类型是一个重要的概念，变量可以存储不同的数据类型，并且不同的数据类型有不同的功能，下面介绍最常用的数字类型和字符串类型。

➢ 数字类型

在Python中，数字类型主要包括整数和浮点数。数字类型的数据可以用来做数学运算。

✓ 整数（int）：即为数学当中常见的整数，如666，–9，0都是整数。

✓ 浮点数（float）：就是数学当中的小数，由整数部分和小数部分组成，例如：3.14，0.5，–1.7等都是浮点数。

➢ 字符串类型

字符串简单来说就是一串字符（文字和符号拼在一起），是Python中最常见的数据类型，从定义上来讲，只要包裹在单/双引号中的内容，都可以算作字符串。

举例：

图5.5为Python中的多种数据类型。

```
a = 666       #变量a中存的是整数
b = 3.14      #变量b中存的是浮点数
c = "欢迎光临"  #变量c中存的是字符串
print(a+b)  #a、b都是数字类型，所以可以做数学运算
print(c+b)  #c是字符串，所以无法和数字b进行运算
```

图5.5 多种数据类型图

最后的运行结果如图5.6所示，由于字符串无法和数字做运算，所以第5行会报错。

```
669.14
Traceback (most recent call last):
  File "C:/Users/EDZ/AppData/Local/Programs/Python/Python39/123.py", line 5, in
<module>
    print(c+b)  #c是字符串，所以无法和数字b进行运算
TypeError: can only concatenate str (not "float") to str
```

图5.6 多种数据类型运行图

：乐乐，可以给这些数据一个机会吗？它们不是故意报错的。

：嗯。有了，我们可以使用数据类型转换。

神奇的数据类型转换

功能：根据不同的情况，我们需要进行不同类型数据之间的转换，以下是常用的3种数据类型转换方法：

➢ 将数据转换为字符串——str（数据）

➢ 将数据转换为整数型——int（数据）

➢ 将数据转换为浮点型——float（数据）

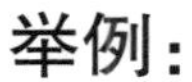

举例：

使用int( )、float( )都可以将数字字符串转换为数字类型数据，但是不可以转换非数字字符串数据。例如，“我是123”就不可以转换为数字类型。图5.7和图5.8分别是数据转换代码图和运行图。

```
a="123"      #变量a当中存的是一个数字字符串
b="我是123"   #变量b当中存的是一个非数字字符串
print(int(a))   #a可以转换为数字
print(int(b))   #b不可以，所以会报错
```

图5.7　数据类型转换代码图

```
123
Traceback (most recent call last):
  File "C:/Users/EDZ/AppData/Local/Programs/Python/Python39/123.py", line 4, in
<module>
    print(int(b))   #b不可以，所以会报错
ValueError: invalid literal for int() with base 10: '我是123'
```

图5.8　数据类型转换运行结果图

另外，在使用input( )函数时，可以将其包裹进一个int( )函数中，这样就可以将用户输入的数字转换成整数类型了，如图5.9所示。

```
a = int(input("请输入数字a"))
b = int(input("请输入数字b"))
print("a+b的计算结果为：",a+b)
```

图5.9　整数类型转换

截取屏幕上的内容

当按下键盘上的按键<Print Screen>时，如图5.10所示，将会截取全屏幕画面，这时可以打开“画图”或者“画图3D”程序，粘贴自己截取的屏幕画面。

图5.10　键盘上的按键<Print Screen>

无人机的后退、航拍

（1）back()函数

功能：无人机的back()函数用于控制无人机后退，如图5.11所示。

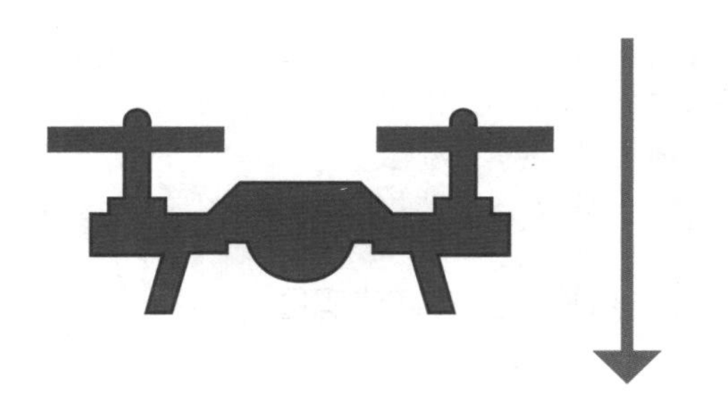

图5.11　无人机后退

语法：

```
无人机名字.back(距离)
```

（2）streamon()函数

功能：无人机的streamon()函数用于开启无人机航拍功能，如图5.12所示。

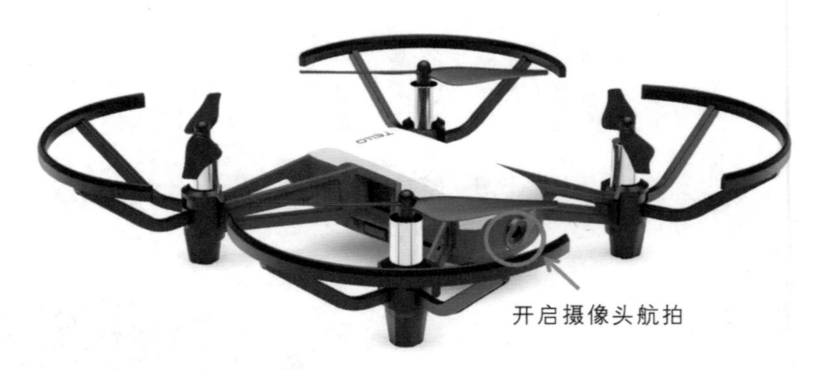

图5.12　开启摄像头航拍功能

语法：

```
无人机名字.streamon()
```

（3）streamoff()函数

功能：无人机的streamoff()函数用于关闭无人机航拍功能。

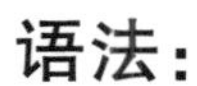

语法：

```
无人机名字.streamoff()
```

挑战空间

任务一：寻找小鹿

通过无人机实施的麋鹿监测中发现，鹿群中新出生了一只小麋鹿，由于野外生存环境较差，所以需要重点监测小麋鹿的生存状态，请使用无人机拍下小麋鹿一家三口在鹿群中的位置，如图5.13所示。（提示：需要调整好无人机的距离，拍摄小麋鹿一家三口，然后按下<Print Screen>进行截图保存。）

图5.13　挑战任务一示意图

任务二：家人合影

在完成本课捕光逐影任务后，我们了解了麋鹿的生活习性。现在利用我们所学的知识，让无人机小洛来帮助我们与家人拍张合影吧！（提示：无人机应离人1米以上距离，同时远离家具。当无人机飞至合适的位置后，快速按下<Print Screen>进行截图保存。）

- 无人机新指令
  - 后退：back()函数
  - 开启摄像头航拍：streamon()函数
  - 关闭摄像头航拍：streamoff()函数
- Python知识
  - 数据类型
    - 整数（int）
    - 浮点数（float）
    - 字符串
  - 数据类型转换
    - 将数据转换为字符串str（数据）
    - 将数据转换为整数型int（数据）
    - 将数据转换为浮点型float（数据）
- 计算机快捷操作
  - 截取全屏幕按键<Print Screen>

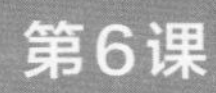

第6课

垃圾分类

本课学习目标

- 编程控制无人机实现顺时针、逆时针旋转
- 掌握 Python 中的比较运算符
- 学习 if 语句进行选择
- 了解如何进行垃圾分类

扫描二维码
获取本课资源

任务探秘

本节课我们将使用无人机来完成垃圾分类的任务。任务中一共有4种类型的垃圾，分别是可回收物、厨余垃圾、有害垃圾、其他垃圾。根据不同的垃圾，控制无人机前往该垃圾对应的垃圾处理中心，例如垃圾物品为香蕉皮，任务目标如图6.1所示。

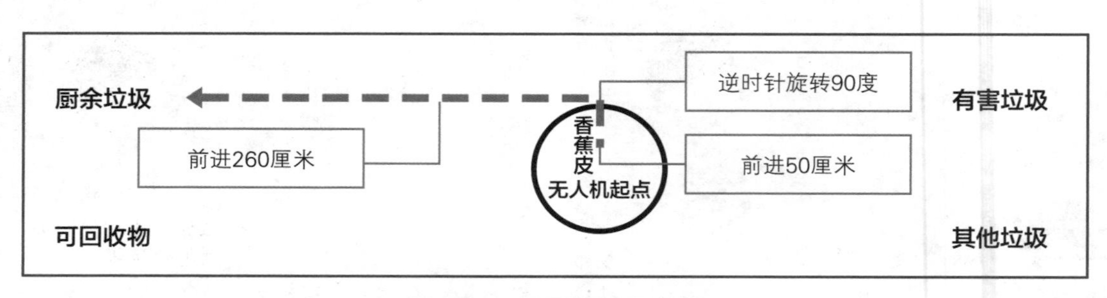

图6.1　本课任务示意图

规划流程

根据上面的任务探秘规划流程，如图6.2所示。

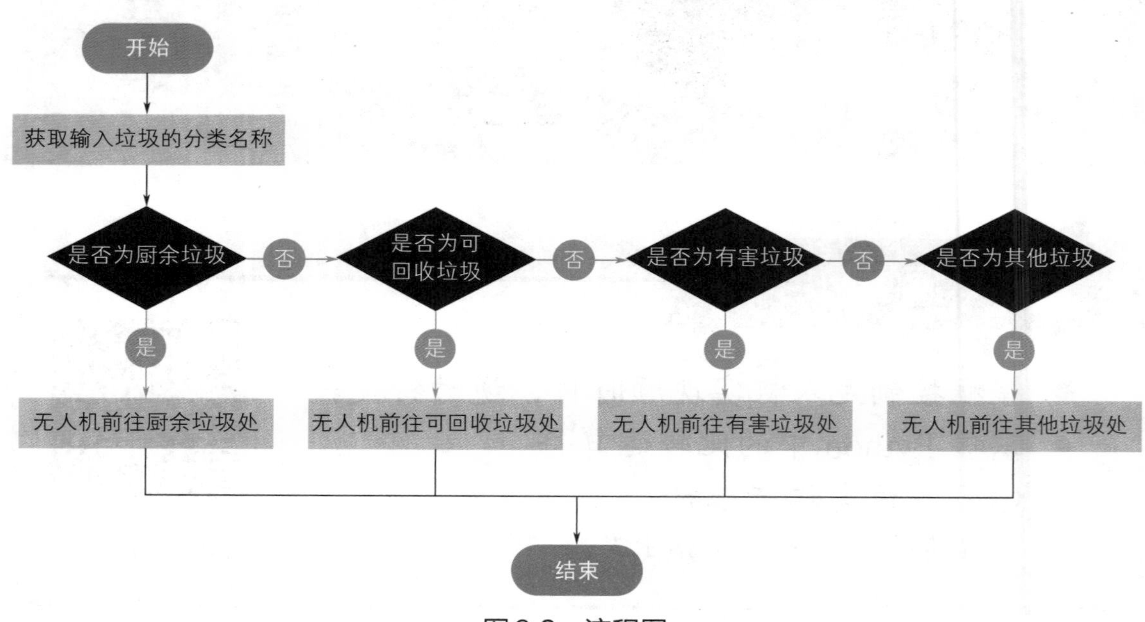

图6.2　流程图

编程实现

使用Python IDLE开发工具，打开“垃圾分类.py”文件，文件打开后将显示如图6.3所示的代码编辑窗口。

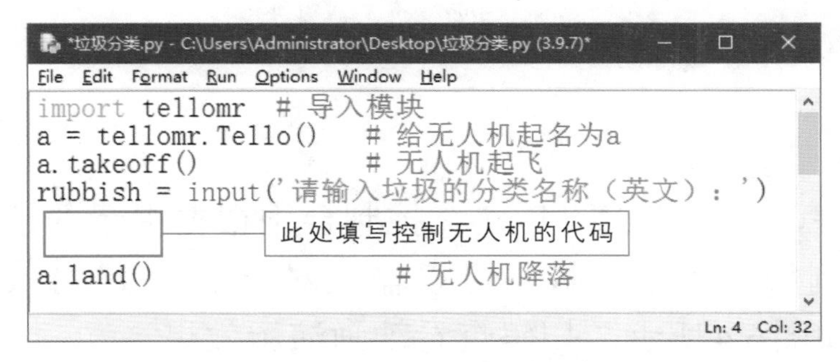

图6.3　Python代码编辑窗口

由于4种垃圾分类的位置不同，所以需要使用if语句判断用户所输入的分类名称，然后根据分类名称执行对应的飞行任务。代码如下：

```
01  import tellomr                    #导入模块
02  a = tellomr.Tello()               #给无人机起名为a
03  a.takeoff()                       #无人机起飞
04  rubbish = input('请输入垃圾的分类名称(英文):')
05  #判断如果输入的垃圾名称是厨余垃圾
06  if rubbish == 'kitchen':
07      a.forward(50)                 #前进50厘米
08      a.ccw(90)                     #逆时针旋转90度
09      a.forward(260)                #前进260厘米
10  #判断如果输入的垃圾名称是可回收垃圾
11  if rubbish == 'recyclable':
12      a.back(50)                    #后退50厘米
13      a.ccw(90)                     #逆时针旋转90度
14      a.forward(260)                #前进260厘米
15  #判断如果输入的垃圾名称是有害垃圾
16  if rubbish == 'harmful':
```

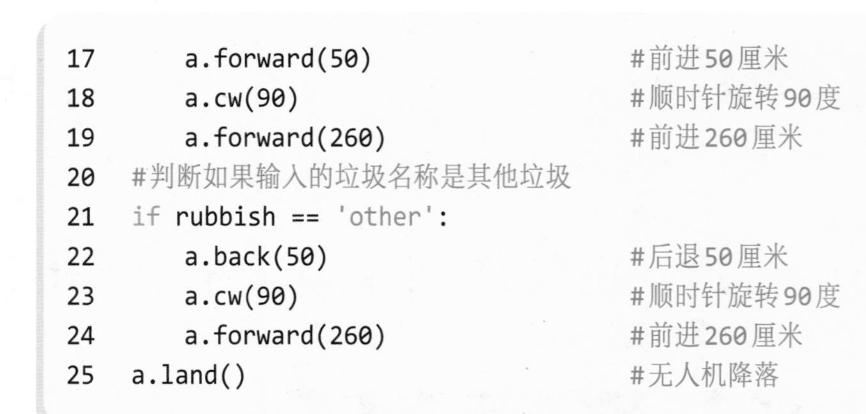

```
17      a.forward(50)                  #前进50厘米
18      a.cw(90)                       #顺时针旋转90度
19      a.forward(260)                 #前进260厘米
20  #判断如果输入的垃圾名称是其他垃圾
21  if rubbish == 'other':
22      a.back(50)                     #后退50厘米
23      a.cw(90)                       #顺时针旋转90度
24      a.forward(260)                 #前进260厘米
25  a.land()                           #无人机降落
```

测试程序

运行程序，无人机起飞后，在控制台中根据提示的信息输入垃圾分类名称，例如是厨余垃圾，可以输入对应的英文“kitchen”，无人机飞行路线如图6.4所示，扫码查看动画演示效果。

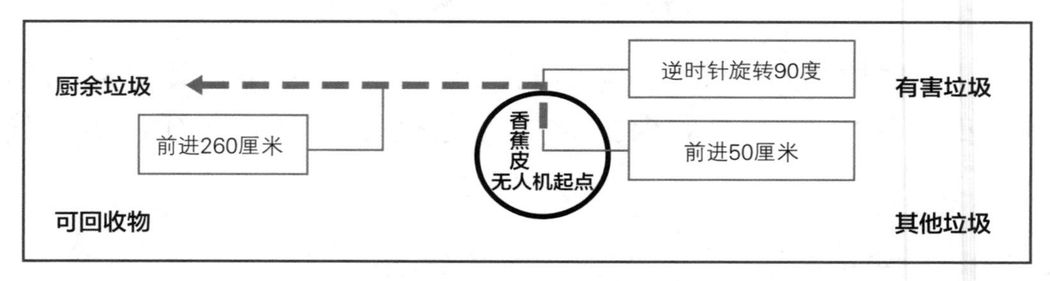

图6.4　无人机执行垃圾分类

学习秘籍

英语角

rubbish

垃圾、废弃物

kitchen

厨房

recyclable

可回收利用的、可再循环的

harmful

有害的

other

另外、其他

false

假的、不正确的、不真实的

true

确实的、真正的、正确的

比较（关系）运算符

程序中需要对数据比较时，需要使用比较运算符，也称关系运算符，用于对变量或表达式的结果进行大小、真假等比较，如果比较结果为真，返回True，如果为假，返回False。比较运算符通常用在条件语句中作为判断的依据。Python中的比较运算符如表6.1所示。

表6.1　Python中的比较运算符

运算符	作用	举例	结果
>	大于	14 > 15	False
<	小于	156 < 456	True
==	等于	'c' == 'c'	True
!=	不等于	'y' != 't'	True
>=	大于等于	479 >= 426	True
<=	小于等于	62.45 <= 45.5	False

使用if语句进行选择

：乐乐，垃圾分类需要在程序中进行判断呀？

：对呀！ Python中想要判断一个问题，可以使用if来判断。

Python中使用if来表示条件选择语句，其最基本的语法形式如下：

```
if 表达式:
    语句块
```

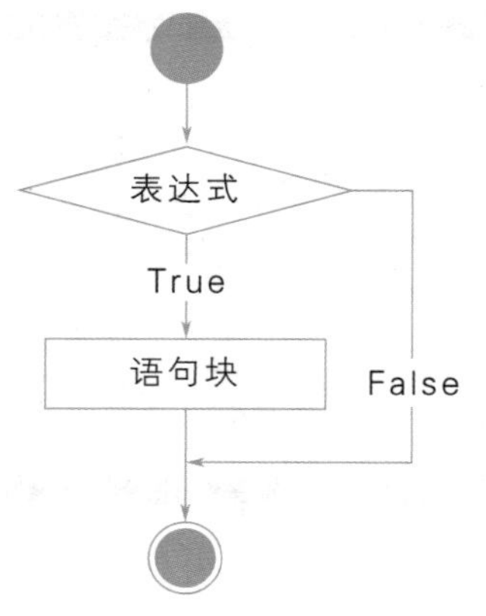

图6.5　最基本的if语句的执行流程

如果表达式的值为真，执行“语句块”；如果表达式的值为假，就跳过“语句块”，继续执行后面的语句，这种形式的if语句相当于汉语里的“如果……就……”，其流程图如图6.5所示。

举例：

例如，判断用户输入的数字是否为偶数时，可以使用if语句和==比较运算符进行判断。示例代码如下：

```
01  a = int(input('请输入一个数字：'))         #输入一个数字
02  if a %2==0:                              #判断是否为偶数
03      print('该数字是偶数！')
```

程序运行结果如图6.6所示。

```
请输入一个数字：10
该数字是偶数！
```

图6.6　判断一个数字是否为偶数

说明

“%”是Python中的取模运算符，用于计算两个数相除的余数，例如：9%2=1。

为什么代码需要缩进

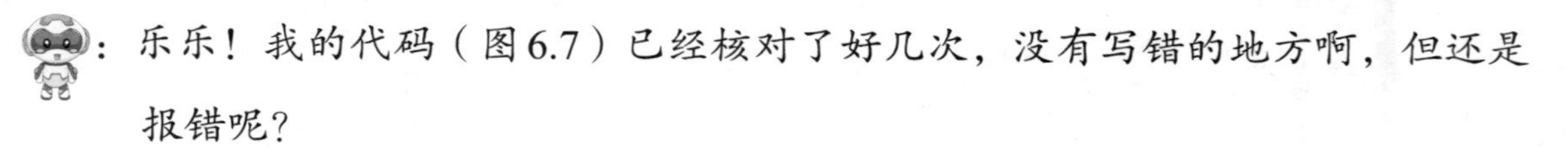

：乐乐！我的代码（图6.7）已经核对了好几次，没有写错的地方啊，但还是报错呢？

：哈哈！你的代码是没错，但是缩进格式错误了。

：缩进格式？

Python对代码的缩进要求非常严格，同一个级别的代码块的缩进量必须相同。如果不采用合理的代码缩进，将抛出SyntaxError异常。例如，如果代码中有的缩进是4个空格，有的是3个空格，就会出现SyntaxError错误，如图6.7所示。

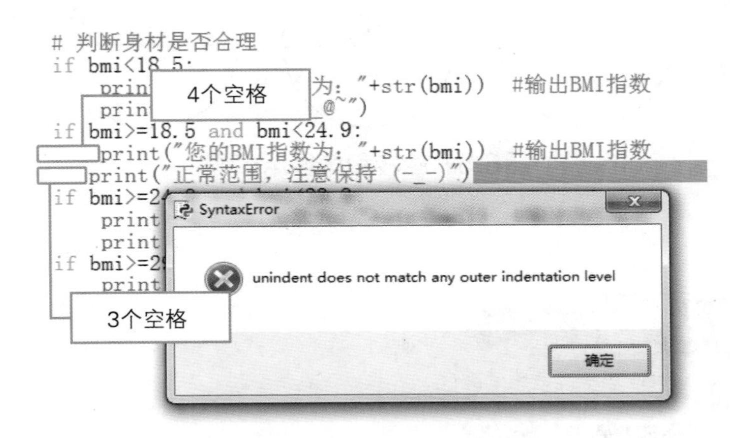

图6.7　缩进量不同导致的SyntaxError错误

让无人机在空中旋转

（1）cw( )函数

功能： cw( )函数表示顺时针旋转。

语法：

```
def cw(angle:int):
```

参数说明如下：

☑ angle：表示无人机需要顺时针旋转的角度，参数值为1 ~ 360之间。

（2）ccw( )函数

功能： ccw( )函数表示逆时针旋转。

语法：

```
def ccw(angle:int):
```

参数说明如下：

☑ angle：表示无人机需要逆时针旋转的角度，参数值为1 ～ 360之间。

说明

顺时针、逆时针及常见角度如图6.8所示。

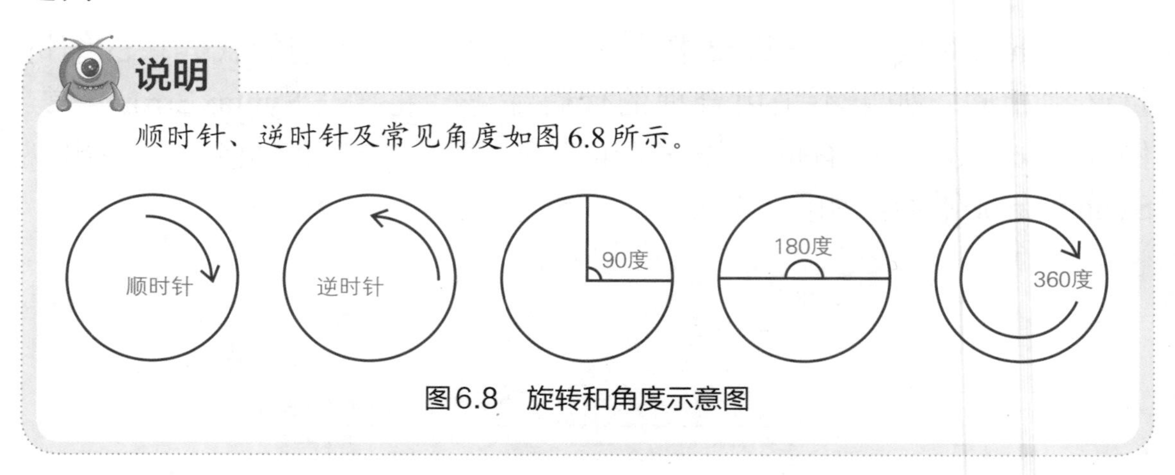

图6.8　旋转和角度示意图

挑战空间

任务一：拾取垃圾并分类

通过本节课我们已经学会了如何使用无人机进行垃圾分类。在此次挑战空间的任务中，需要控制无人机拾取垃圾并将拾取后的垃圾进行分类处理，如图6.9所示。

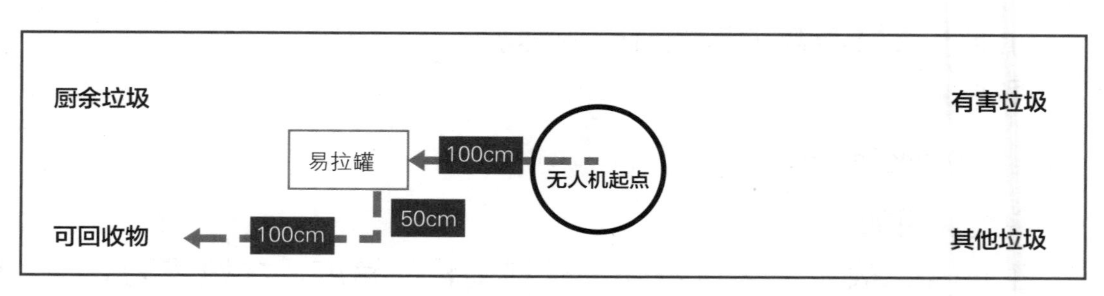

图6.9　挑战任务一示意图

任务二：环保监测

无人机小洛巡逻时发现一家废弃工厂中出现多种垃圾，其中包含很多有害垃圾，请你控制无人机找到有害垃圾并将垃圾放置在指定区

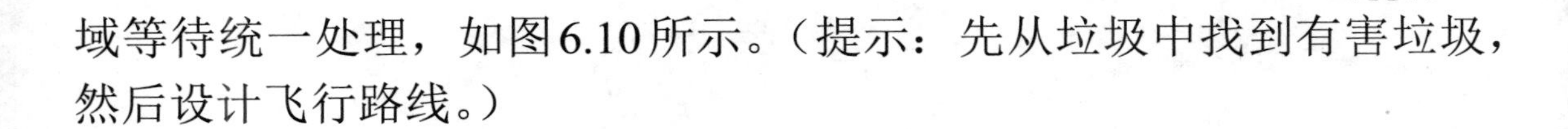

域等待统一处理，如图6.10所示。（提示：先从垃圾中找到有害垃圾，然后设计飞行路线。）

图6.10　挑战任务二的示意图

知识卡片

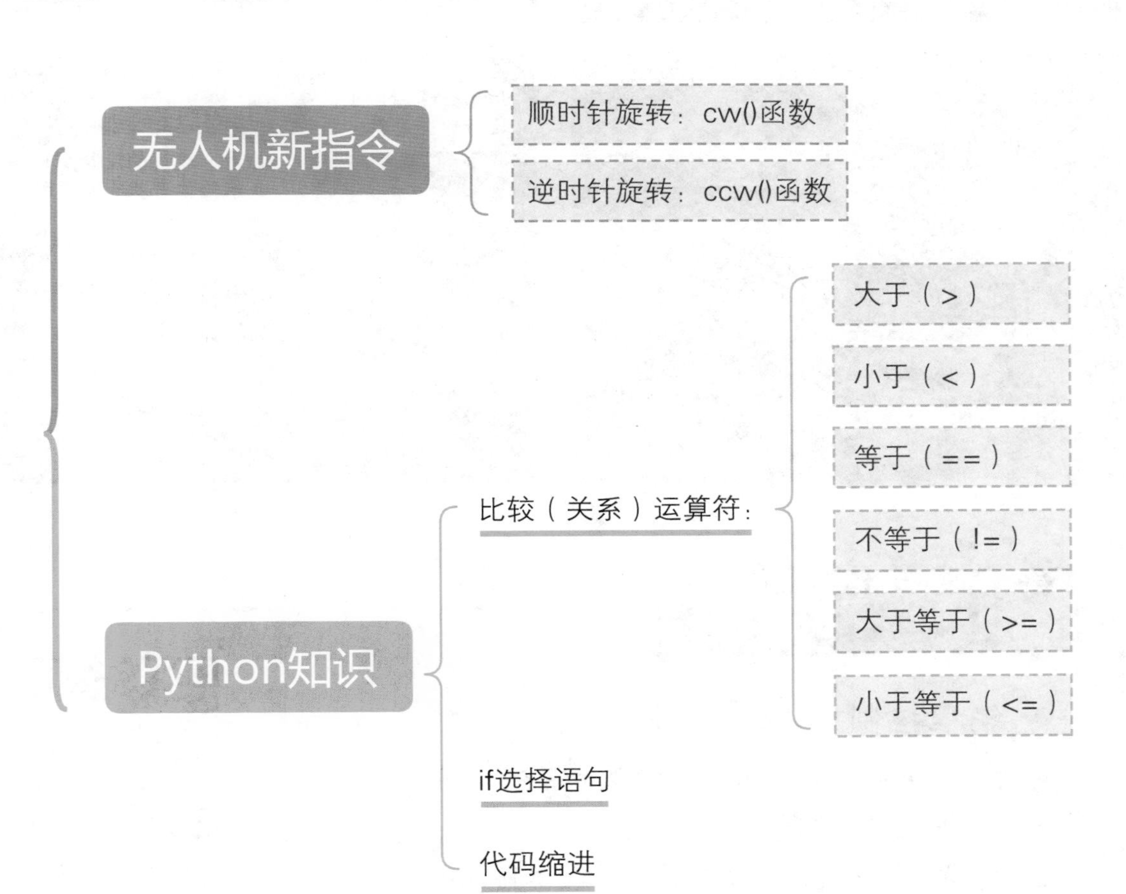

第7课

医疗救助

本课学习目标

- ◆ 编程控制无人机飞斜线
- ◆ 熟悉 Python 中的多分支选择结构
- ◆ 认识三维空间
- ◆ 熟悉急救知识和无人机医疗救助应用

扫描二维码
获取本课资源

任务探秘

在日常生活中我们总会遇到各种突发情况，只有掌握一些自护自救能力，机智勇敢地处理遇到的各种情况或危险，我们才能更加健康地成长。此次任务将控制无人机小洛前往对应地点救助伤员，并根据他们的伤情做出诊断，空投相应的医疗物资。任务目标如图 7.1 所示。

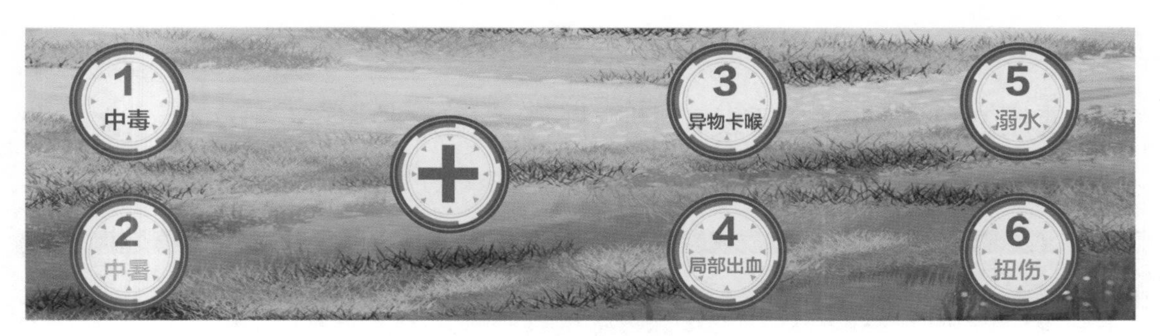

图7.1 本课任务图

规划流程

根据上面的任务探秘规划流程，如图 7.2 所示。

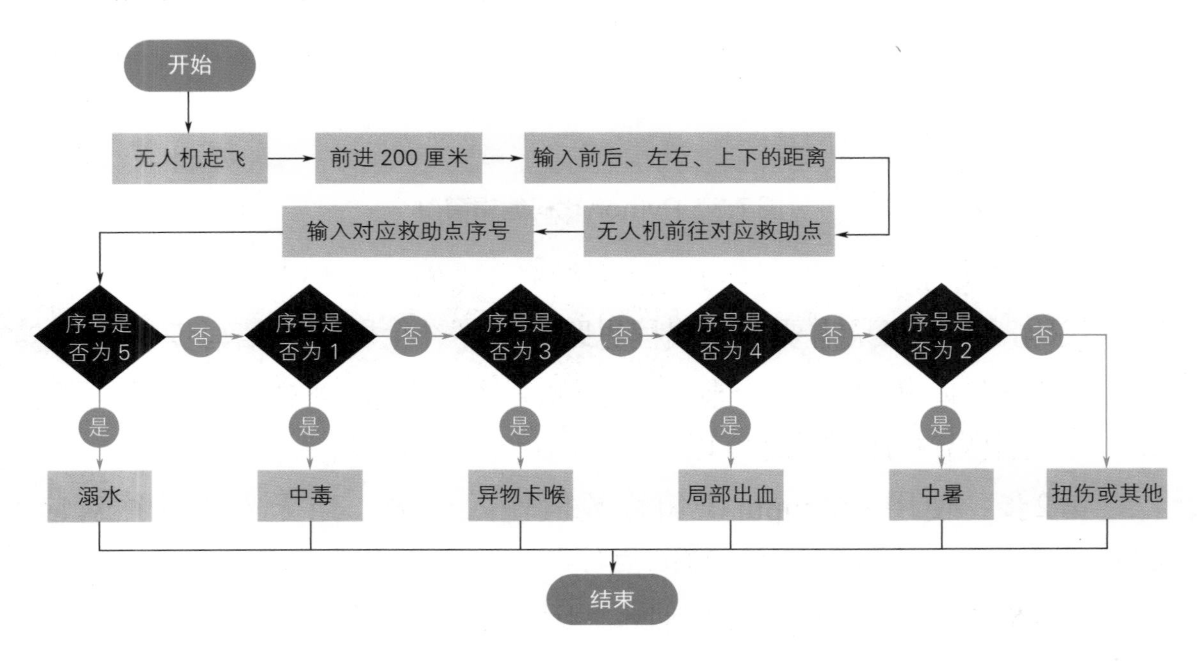

图7.2 任务流程图

说明

图7.2中判断各种伤情的顺序可以根据需要随机调整。

探索实践

编程实现

使用Python IDLE开发工具，打开“医疗救助.py”文件，文件打开后将显示如图7.3所示的代码编辑窗口。

```
"""
在本节课的程序中已经为大家写好了大部分指令，在运行程序后，
无人机将前往红十字所在位置，之后我们只需要输入测量出的前后、左右、
上下距离，无人机就会前往对应的救助点，并且我们还需要输入对应的地点序号。
下面出现了六条不同的诊断结果，我们要写的程序是:在其上一行填写对应的条件语句。
"""
import tellomr            #导入模块
a = tellomr.Tello()       #给无人机起名为a
a.takeoff()               #无人机起飞
a.forward(200)            #无人机向前移动200厘米
d01 = int(input("请输入前后距离"))     #将测量的前后距离存到变量d01中
d02 = int(input("请输入左右距离"))     #将测量的左右距离存到变量d02中
d03 = int(input("请输入上下距离"))     #将预估的上下距离存到变量d03中
a.go(d01, d02, d03, 50)    #前往对应救助点
select = int(input("请输入要前往的地点序号"))   #输入对应的地点序号
                              # 在此行输入与下面结果对应的条件语句
    print("迅速将患者从水中救出，清除口咽部、鼻腔内的污物，保持呼吸道通畅，将患者俯卧，腰部垫高，头部下垂，以手压其背部。")
                              # 在此行输入与下面结果对应的条件语句
    print("被蛇咬后，第一步应该迅速用绳子在伤口的近心端绑紧，阻止毒液扩散，之后迅速拨打120救援")
                              # 在此行输入与下面结果对应的条件语句
    print("使用海姆立克急救法，让患者骑在抢救者大腿上，面朝前。"
          "抢救者以双手的中指或食指，放在患者的胸廓和脐上的腹部，快速向上重击压迫，但要很轻柔，重复此步骤，直到排出异物")
                              # 在此行输入与下面结果对应的条件语句
    print("使用消毒液进行消毒后，使用无菌纱布包扎")
                              # 在此行输入与下面结果对应的条件语句
    print("离开高温环境，到通风位置解开衣服，降温并补水，严重时要即时送往医院")
                              # 在此行输入与下面结果对应的条件语句
    print("停止运动，避免进一步损伤，使用冰敷的方式进行消肿")
a.land()                   # 无人机降落
```

图7.3　Python代码编辑窗口

为了成功完成我们的医疗救助任务，我们已经提前编写好了一些基础代码，接下来只需要根据编程思路将程序补全即可，编写步骤如下：

第1步 随机选择一个救助点，测量红十字处到救助点的前后距离、左右距离（上下距离可以为0，也可以稍微上升）。

第2步 使用3个input语句将数值输入进去，当无人机前往对应的救助点之后，输入对应的救助点序号。

第3步 由于需要多种判断，因此需要使用Python中的“if…elif…else”。

完整程序代码如下：

```
01  import tellomr                              #导入模块
02  a = tellomr.Tello()                         #给无人机起名为a
03  a.takeoff()                                 #无人机起飞
04  a.forward(200)                              #无人机向前移动200厘米
05  d01 = int(input("请输入前后距离"))          #将测量的前后距离存到变量d01中
06  d02 = int(input("请输入左右距离"))          #将测量的左右距离存到变量d02中
07  d03 = int(input("请输入上下距离"))          #将预估的上下距离存到变量d03中
08  a.go(d01,d02,d03,50)                        #前往对应救助点
09  select = int(input("请输入要前往的地点序号"))
                                                #输入对应的地点序号
10  if select == 5:                             #如果输入的序号为5
11      print("迅速将患者从水中救出，清除口咽部、鼻腔内的污物，保持呼吸道通畅，将
患者俯卧，腰部垫高，头部下垂，以手压其背部。")
12  elif select == 1:                           #否则如果输入的序号为1
13      print("被蛇咬后，第一步应该迅速用绳子在伤口的近心端绑紧，阻止毒液扩散，之
后迅速拨打120救援")
14  elif select == 3:                           #否则如果输入的序号为3
15      print("使用海姆立克急救法，让患者骑在抢救者大腿上，面朝前。抢救者以双手的
中指或食指，放在患者的胸廓和脐上的腹部，快速向上重击压迫，但要很轻柔。重复此步骤，直
到排出异物")
16  elif select == 4:                           #否则如果输入的序号为4
17      print("使用消毒液进行消毒后，使用无菌纱布包扎")
18  elif select == 2:                           #否则如果输入的序号为2
19      print("离开高温环境，到通风位置解开衣服，降温并补水，严重时要即时送往医院")
20  else:                                       #否则
21      print("停止运动，避免进一步损伤，使用冰敷的方式进行消肿")
22  a.land()                                    #无人机降落
```

测试程序

运行程序，无人机将从最前端起飞，然后飞往正中心红十字处，输入测量好的前后、左右、上下距离后，无人机将前往指定的救助点。输入对应的救助点编号后，控制台会打印对应的诊断信息。效果图如图7.4和图7.5所示。

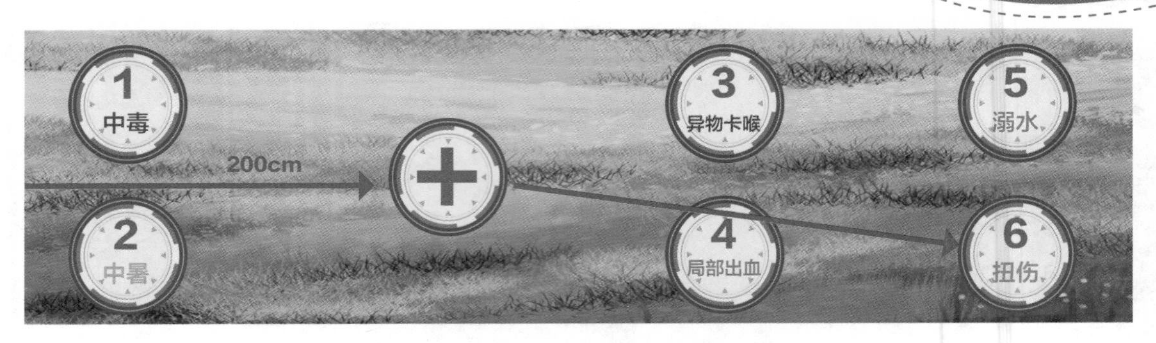

图7.4　无人机飞往指定救助点

```
请输入对应的地点序号1
被蛇咬后，第一步应该迅速用绳子在伤口的近心端绑紧，阻止毒液扩散，之后迅速拨打120救援
```

图7.5　控制台打印1号救助点信息

英语角

go 去，走，移动	**select** 选择，挑选
speed 速度，快	**else** 否则，其他的
help 帮助，协助，救援	**hospital** 医院

认识三维空间

：乐乐，我们为什么要了解三维空间呢？

：因为此次任务中我们用到了go指令，想要充分理解go指令，就要了解三维空间。

：那什么是三维空间呢？

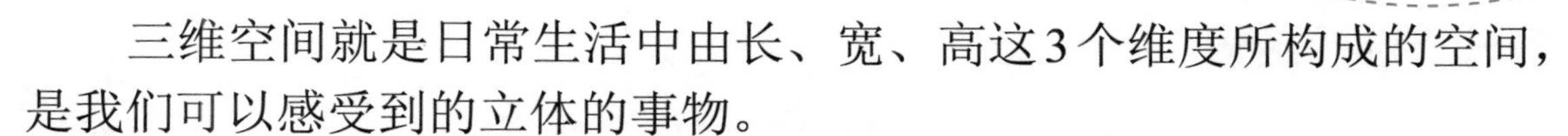

三维空间就是日常生活中由长、宽、高这3个维度所构成的空间，是我们可以感受到的立体的事物。

相对于三维空间而言，一维空间是一条可以无限延长的直线，二维空间则是由交叉的直线所构成的平面（例如正方形），只有三维空间是立体的，拥有长宽高（例如长方体）。图7.6为三个维度的对比图。

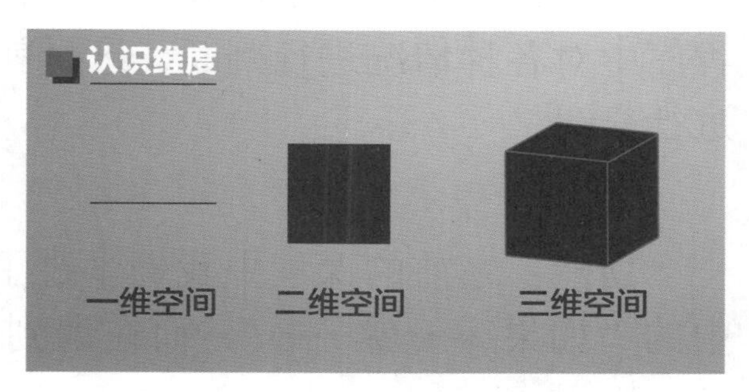

图7.6　三个维度的对比图

控制无人机飞斜线

功能： 使用go指令可以控制无人机飞出斜线。

语法：

```
无人机名字.go（x，y，z，speed）
```

参数说明如下：

☑ x：无人机前后移动的距离，当为正数时向前移动，当为负数时向后移动，0代表不移动；

☑ y：无人机左右移动的距离，当为正数时向左移动，当为负数时向右移动，0代表不左右移动；

☑ z：无人机上升或下降的距离，当为正数时向上升，当为负数时向下降，0代表不上升也不下降。

☑ speed：无人机飞斜线时的速度，范围是10～100厘米/秒，速度不宜过快。

说明

快速区分x、y、z三个坐标时，可以参考图7.7的手势图。

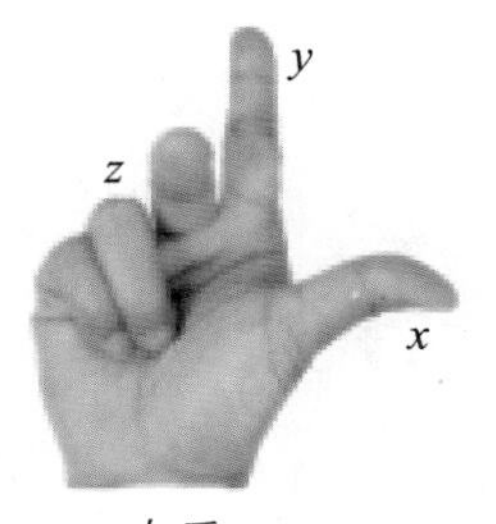

图7.7　坐标手势图

多分支选择结构

本课任务中，由于需要判断多种不同情况下的伤情，因此需要在程序中对各种情况进行判断，这时就需要选用多分支选择结构，下面进行介绍。

（1）只有两种情况的分支结构

功能：之前的课程中我们学过了单分支结构if语句，相当于语文中的“如果……就……”，而在遇到只能二选一的条件时，可以使用if…else语句。

语法：

```
if 表达式:
    语句块1
else:
    语句块2
```

如果if后方的条件满足，则执行if后面的语句块，否则，就执行else后面的语句块（注意else后面只需要加冒号，不需要条件），这种形式的选择结构相当于语文当中的“如果……就……否则……”，其流程图如图7.8所示。

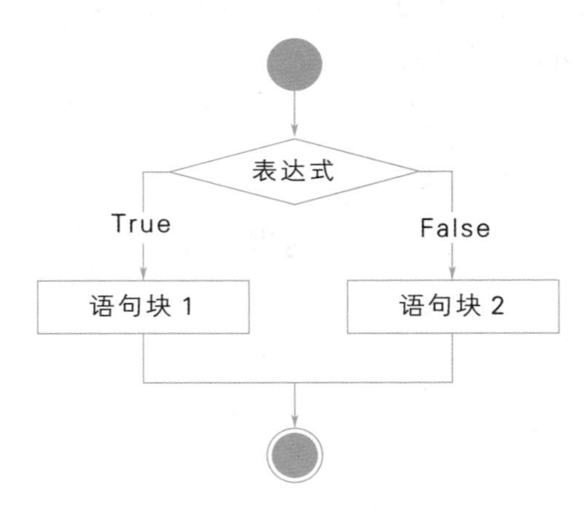

图7.8 if…else语句流程图

举例：

例如，我们在验证用户输入的用户名与密码是否正确时，就可以通过if…else进行有效的判断。示例代码如下：

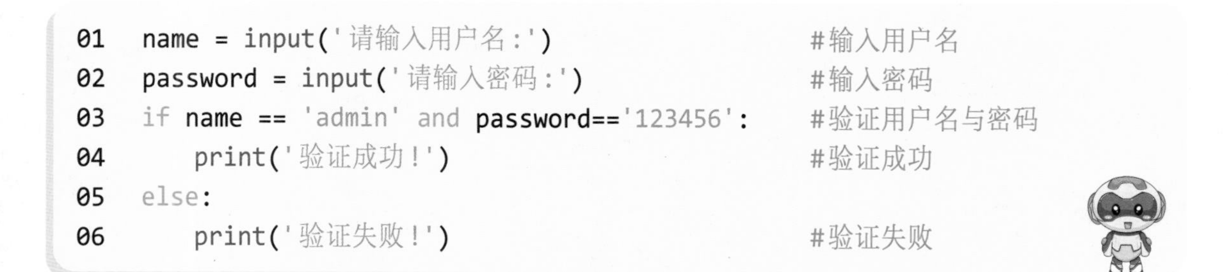

```
01  name = input('请输入用户名:')                          #输入用户名
02  password = input('请输入密码:')                       #输入密码
03  if name == 'admin' and password=='123456':            #验证用户名与密码
04      print('验证成功!')                                 #验证成功
05  else:
06      print('验证失败!')                                 #验证失败
```

程序运行结果图如图7.9所示。

```
请输入用户名: admin
请输入密码: 123456
验证成功!
```

图7.9　用户输入验证程序

(2)有多种情况的分支结构

功能：遇到比二选一更复杂的条件时，可以使用“if…elif…else”语句，该语句是一个多分支选择语句，意思是“如果满足某种条件，进行某种处理，否则，如果满足另一种条件，则执行另一种处理……”。

语法：

```
if 表达式:
    语句块1
elif 表达式2:
    语句块2
else:
    语句块n
```

程序首先从最开始的if进行判断，如果表达式为真，则执行if所属的语句块1；如果不为真，则跳过该语句，判断下一个elif语句；如果所有的表达式都为假，就会执行else中的语句（只要有一个语句块执行，那么整个选择结构就会结束，不会继续判断了）。“if…elif…else”语句流程图如图7.10所示。

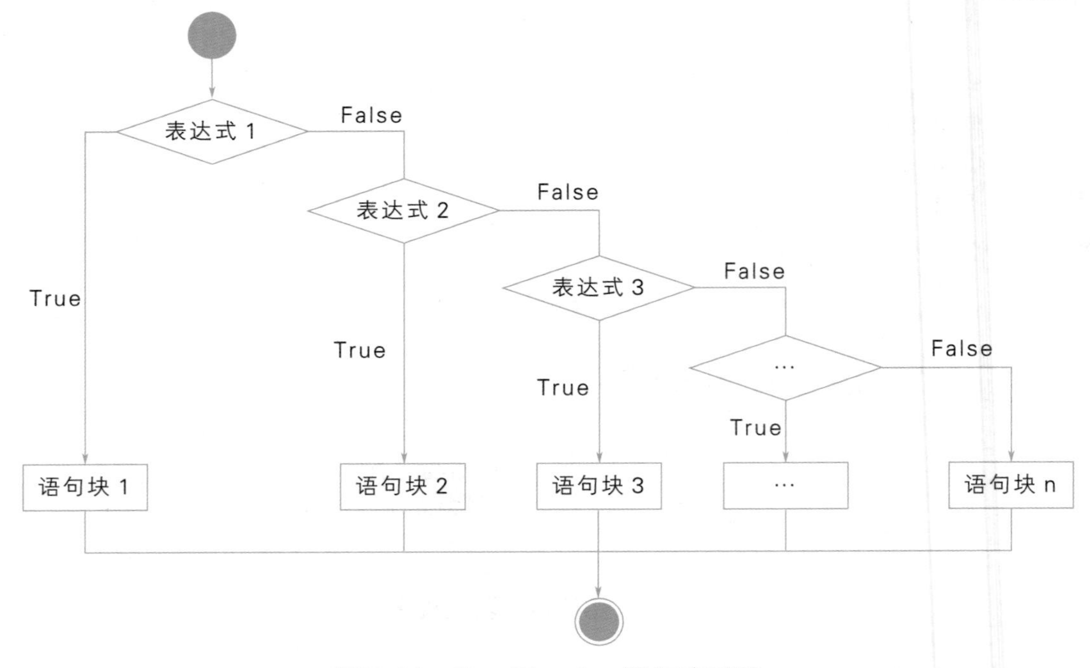

图7.10　if…elif…else语句流程图

举例：

例如，输入一个学生的成绩，按照分数进行评价不及格（小于60）、及格（60 ～ 79）、良好（80 ～ 89）、优秀（90 ～ 100），示例代码如下：

```
01  score =int(input("请输入分数:"))
02  if score<60:                #小于60分不及格
03      print('不及格')
04  elif score<80:              #小于80分大于等于60分及格
05      print('及格')
06  elif score<90:              #小于90分大于等于80分良好
07      print('良好')
08  elif score<=100:            #小于等于100分大于等于90分优秀
09      print('优秀')
```

程序运行结果如图7.11所示。

```
请输入分数：95
优秀
```

图7.11　成绩判断程序运行图

任务一：野外救援

在一次野外生存的活动中，有三名人员受伤被困。此次需要通过go指令控制无人机依次前往对应地点进行救援侦察，侦察后前往终点位置上报坐标，飞行路线如图7.12所示。（提示：利用if…elif…else语句以及本节课新学的go指令快速完成任务。）

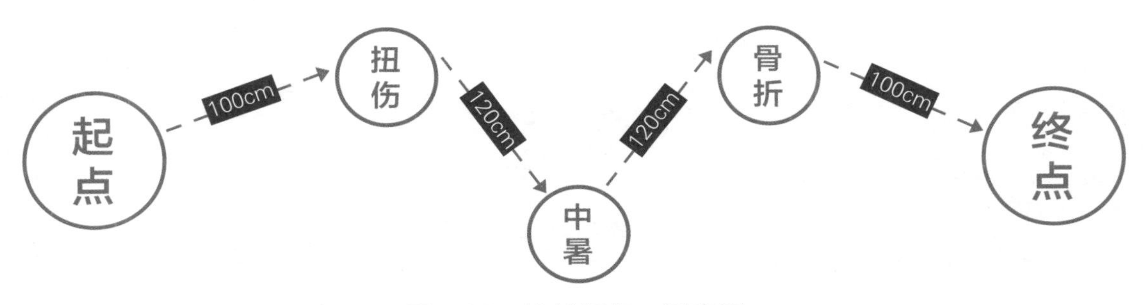

图7.12 挑战任务一示意图

任务二：医疗物资

无人机小洛需要帮助医院运送医疗物资，如图7.13所示。现在有四家医院：医院A需要急救器材，医院B需要药品，医院C需要血液，医院D需要标本。请你编写程序，让无人机小洛从出发地起飞，输入对应的医院名后，可以前往对应的医院位置。

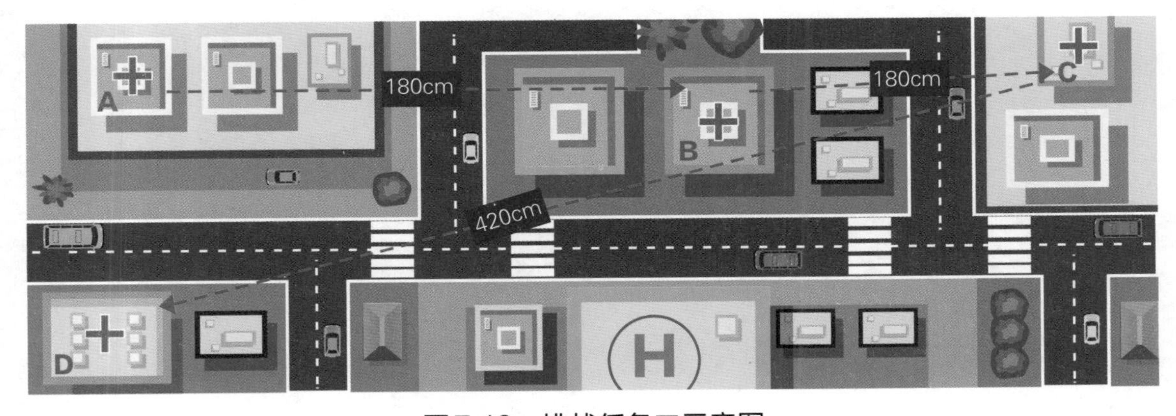

图7.13 挑战任务二示意图

- 无人机新指令
  - 飞斜线：go(x,y,z,speed)函数
- Python知识
  - 多分支选择结构

```
if 表达式：
    语句块1
else：
    语句块2
```

```
if 表达式：
    语句块1
elif表达式2：
    语句块2
else：
    语句块n
```

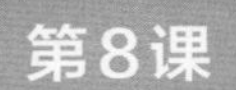

空中巡逻

本课学习目标

- 巩固无人机顺时针、逆时针指令的使用
- 学习 Python 中 for 循环的用法
- 熟悉 range( ) 函数的使用
- 熟悉程序中如何进行语音播报
- 了解防盗安全知识

扫描二维码
获取本课资源

任务探秘

无人机在空中的监视范围要比地面更加宽阔，有利于扩展巡逻的覆盖范围。利用无人机可以事先明确地形，再对各关键部位部署警力，便于更好地抓捕违法犯罪分子。此次任务将使用无人机完成小区内的空中巡逻任务，巡逻范围为定点安排，需要控制无人机按照每个点进行巡逻，每次巡逻完一个点位后，都广播一句“无异常”，巡逻一圈即完成任务，任务目标示意图如图8.1所示。

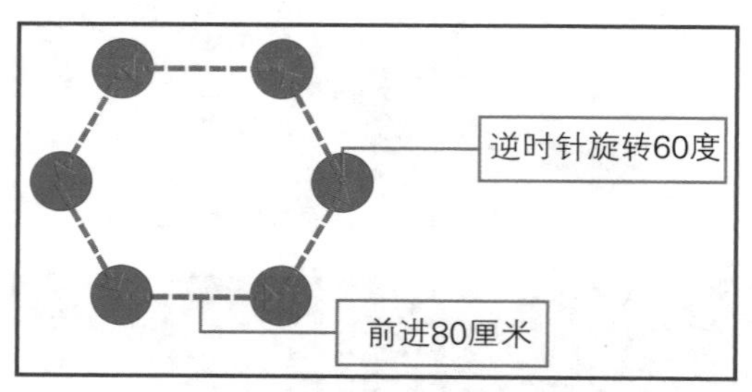

图8.1　本课任务示意图

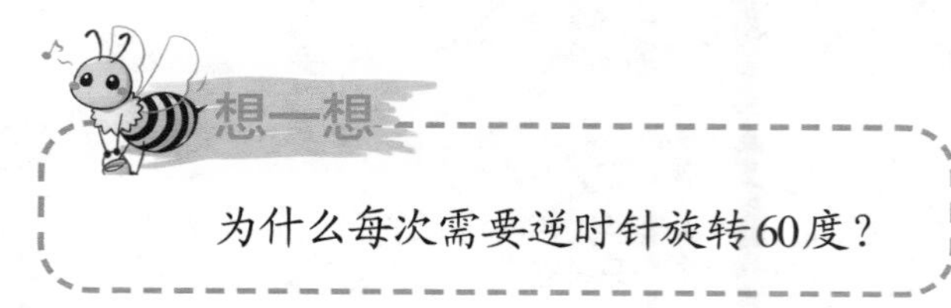

规划流程

根据上面的任务探秘规划流程，如图8.2所示。

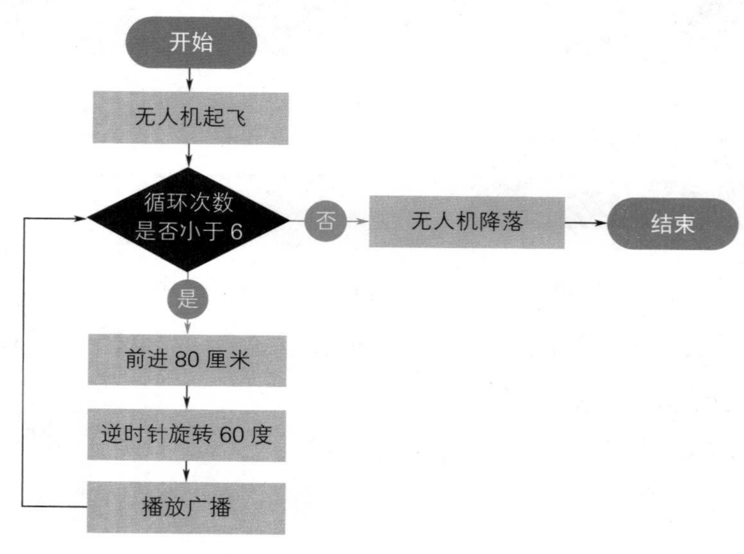

图8.2　流程图

编程实现

第1步 使用Python IDLE开发工具，打开“空中巡逻.py”文件，文件打开后将显示如图8.3所示的代码编辑窗口。

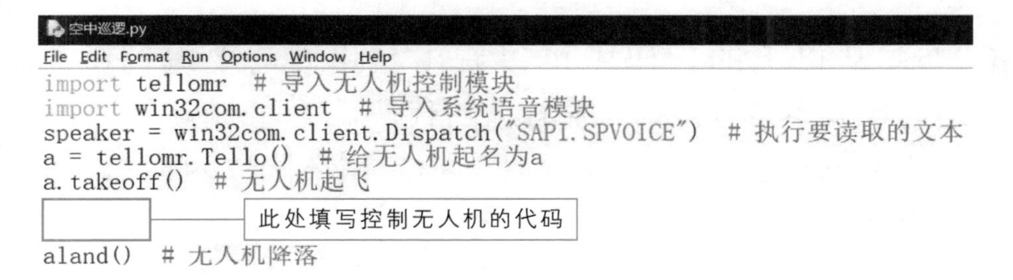

图8.3 python代码编辑窗口

第2步 按照规划流程可以直接编写无人机控制代码，前进80厘米，然后逆时针旋转60度，之后广播“无异常”，重复执行6次这样的代码即可。代码如下：

```
01  import tellomr                 #导入模块
02  import win32com.client         #导入系统语音模块
03  speaker = win32com.client.Dispatch("SAPI.SPVOICE")
                                   #执行要读取的文本
04  a = tellomr.Tello()             #给无人机起名为a
05  a.takeoff()                    #无人机起飞
06  a.forward(80)                  #无人机前进80厘米
07  a.ccw(60)                      #无人机逆时针旋转60度
08  speaker.Speak("无异常")         #广播消息
09  a.forward(80)                  #无人机前进80厘米
10  a.ccw(60)                      #无人机逆时针旋转60度
11  speaker.Speak("无异常")         #广播消息
12  a.forward(80)                  #无人机前进80厘米
13  a.ccw(60)                      #无人机逆时针旋转60度
14  speaker.Speak("无异常")         #广播消息
15  a.forward(80)                  #无人机前进80厘米
16  a.ccw(60)                      #无人机逆时针旋转60度
17  speaker.Speak("无异常")         #广播消息
```

```
18  a.forward(80)                 #无人机前进80厘米
19  a.ccw(60)                     #无人机逆时针旋转60度
20  speaker.Speak("无异常")        #广播消息
21  a.forward(80)                 #无人机前进80厘米
22  a.ccw(60)                     #无人机逆时针旋转60度
23  speaker.Speak("无异常")        #广播消息
24  a.land()                      #无人机降落
```

第3步 从以上的代码中可以看出，我们需要编写6次前进80厘米、逆时针旋转60度和广播消息的代码。为了提高代码编写的效率，可以使用Python提供的for循环，指定循环次数为6次即可。修改后的代码如下：

```
01  import tellomr                      #导入模块
02  import win32com.client              #导入系统语音模块
03  speaker = win32com.client.Dispatch("SAPI.SPVOICE")
                                        #执行要读取的文本
04  a = tellomr.Tello()                 #给无人机起名为a
05  a.takeoff()                         #无人机起飞
06  for i in range(6):                  #重复执行6次
07      a.forward(80)                   #无人机前进80厘米
08      a.ccw(60)                       #无人机逆时针旋转60度
09      speaker.Speak("无异常")          #广播消息
10  a.land()                            #无人机降落
```

测试程序

运行程序，无人机起飞后将按照指定路线完成定点空中巡逻任务，无人机飞行路线如图8.4所示，扫码查看动画演示效果。

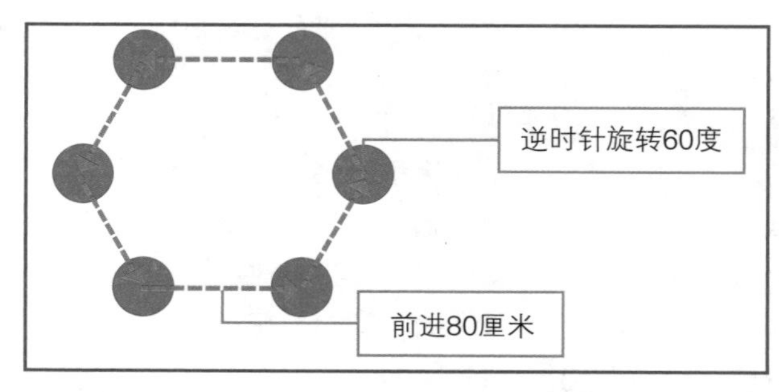

图8.4　无人机执行空中巡逻任务

学习秘籍

英语角

for

对于、为了

end

终止、终结、结局、结尾、末端

range

范围、一系列

step

步、步伐、迈步

start

开始、启动、开动、发动

speak

谈话、交谈、说、讲述

多边形的秘密

：乐乐，无人机巡逻的路线好像是个图形？

：是六边形，也是多边形的一种。

：多边形？

在同一平面且不在同一直线上的三条或三条以上的线段，首尾顺次连接且不相交所组成的封闭图形叫作多边形。不同种类的多边形如图8.5所示。

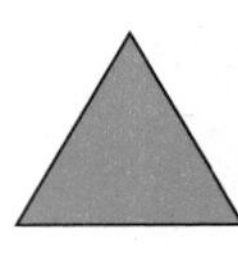

等边三角形

正方形

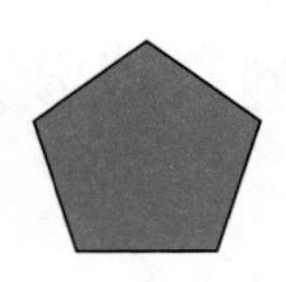

正五边形

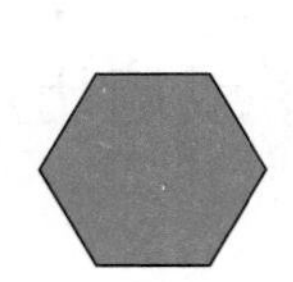

正六边形

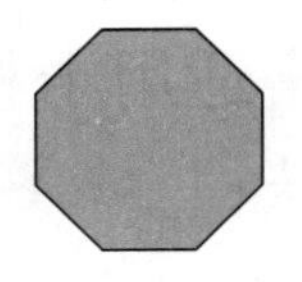

正八边形

图8.5　不同种类的多边形

组成多边形的线段至少有3条，组成多边形的每一条线段叫作多边形的边，相邻的两条线段的公共端点叫作多边形的顶点，多边形相邻两边所组成的角叫作多边形的内角。多边形内角的一边与另一边反向延长线所组成的角，叫作多边形的外角。以三角形为例的多边形如图8.6所示。

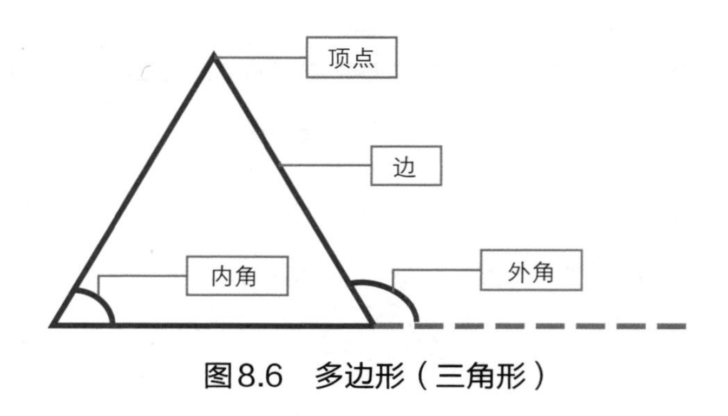

图8.6　多边形（三角形）

内角和：

n边形的内角和等于（n–2）×180。

说明

此定理适用所有的平面多边形。

外角和：

n边形的外角和等于n×180度–(n–2)×180度=360度。

用for循环实现重复步骤

本课任务中，无人机需要有规律地重复执行前进、逆时针旋转和广播消息等任务，因此可以使用Python中的for循环来实现。

功能：for循环是一个计次循环，一般应用在循环次数已知的情况下。通常适用于枚举或遍历序列，以及迭代对象中的元素。

语法：

```
for 迭代变量 in 对象:
    循环体
```

for循环语句的执行流程如图8.7所示。

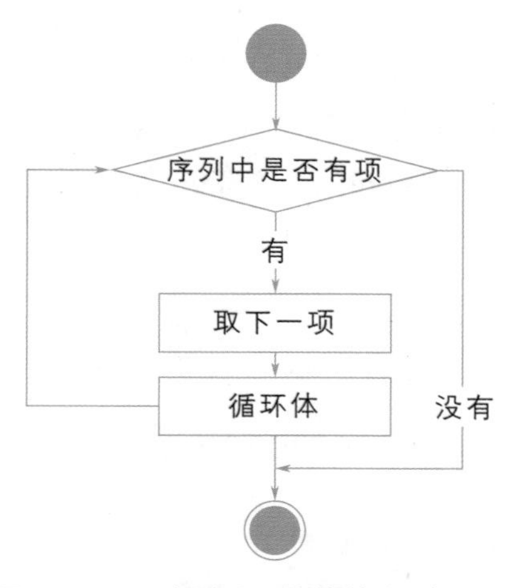

图8.7　for循环语句的执行流程图

举例：

在使用for循环时，最基本的应用就是进行数值循环。例如，想要实现从1到100的累加，可以通过下面的代码实现：

```
01  print("计算1+2+3+……+100的结果为：")
02  result = 0                  #保存累加结果的变量
03  for i in range(101):
04      result=result+1         #实现累加功能
05  print(result)               #在循环结束时输出结果
```

用range指定范围

range是Python内置的一个函数，用于生成一系列连续的整数。

语法：

```
range (start, end, step)
```

参数说明如下：

☑ start：用于指定计数的起始值，可以省略，如果省略则从0开始。

☑ end：用于指定计数的结束值［但不包括该值，如range（7），则得到的值为0～6，不包括7］，不能省略。当range函数中只有一个参数时，即表示指定计数的结束值。

☑ step：用于指定步长，即两个数之间的间隔，可以省略，如果省略则表示步长为1。例如，rang（1，7）将得到1、2、3、4、5、6。

说明

在使用range函数时，如果只有一个参数，表示指定的是end；如果是两个参数，则表示指定的是start和end；只有三个参数都存在时，最后一个才表示步长。

举例：

例如，使用for循环语句与range函数，输出10以内的所有奇数：

```
01 for i in range(1,10,2):        #for循环遍历10以内奇数
02     print(i,end=' ')           #打印奇数
```

程序运行结果如下：

1 3 5 7 9

使用win32模块语音播报

Python程序中实现语音播放功能，可以借助win32模块实现，下面具体介绍。

功能：win32模块可以帮助我们在Windows操作系统上使用Python去做一些自动化工作，其中便包括计算机语音功能（本节课我们主要讲述语音播报功能）。

语法：

```
import win32com.client
speaker = win32com.client.Dispatch("SAPI.SPVOICE")
speaker.Speak("语音播报内容")
```

win32模块的使用方法与大部分模块一样，首先需要导入模块，之后需要将读取文本的功能赋予speaker（起名可以任意，但要遵循变量命名规则），最后使用speaker进行语音播报即可。

举例：

下列内容为使用语音播报宣布自己学习Python的决心：

```
01 import win32com.client                              #导入系统语音模块
02 speaker = win32com.client.Dispatch("SAPI.SPVOICE")
                                                       #执行要读取的文本
```

```
03  for i in range(3):                              #循环3次
04  speaker.Speak("我要努力学习Python")              #语音播报
```

运行程序后，计算机将会播报“我要努力学习Python”3次。

任务一：五边形定点巡逻任务

通过本节课所学习的for循环以及多边形的特点，尝试控制无人机在小区内实现五边形的定点巡逻的任务（边长100厘米），如图8.8所示。（提示：多边形的边数不同，内角与外角的角度则不同，无人机旋转的角度就不同。）

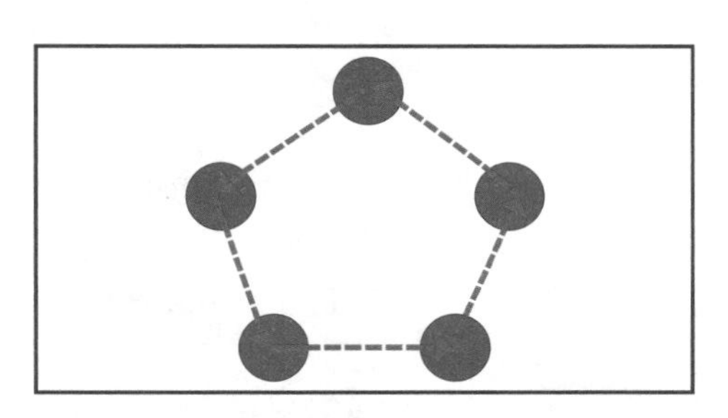

图8.8 挑战任务一示意图

任务二：八边形定点巡逻任务

控制无人机在小区内实现八边形的定点巡逻任务（边长80厘米），任务要求无人机按照顺时针方向进行巡逻飞行，如图8.9所示。

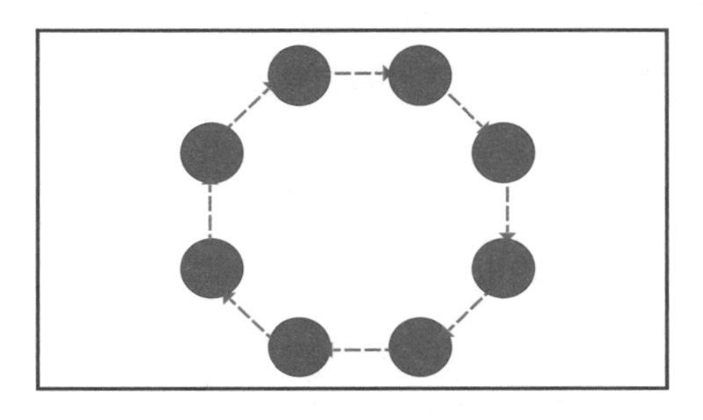

图8.9 挑战任务二示意图

- Python知识
  - for循环语句
  - range(start,end,step)内置函数
  - win32语音播报模块
- 多边形的秘密
  - 内角和：n边形的内角和等于$(n-2)\times180$
  - 外角和：n边形外角和等于$n\times180$度$-(n-2)\times180$度$=360$度
- 巩固无人机指令
  - 起飞：takeoff()函数
  - 前进：forward()函数
  - 逆时针旋转：ccw()函数
  - 降落：land()函数

第9课

特技表演

本课学习目标

- 了解圆和圆弧
- 掌握无人机 curve 弧线指令的使用
- 熟练使用 for 循环，并结合 curve 飞行多条弧线
- 了解无人机特技表演知识

扫描二维码
获取本课资源

任务探秘

无人机小洛立志成为无人机编队表演中的一员，为此，小洛专门给自己设立了一个训练游戏，那就是无人机跳一跳。本课的任务要求控制无人机小洛完整连续地飞过图示中每一个小格，其中每个格子之间的距离相等，都是70厘米，如图9.1所示，快来帮助它吧！

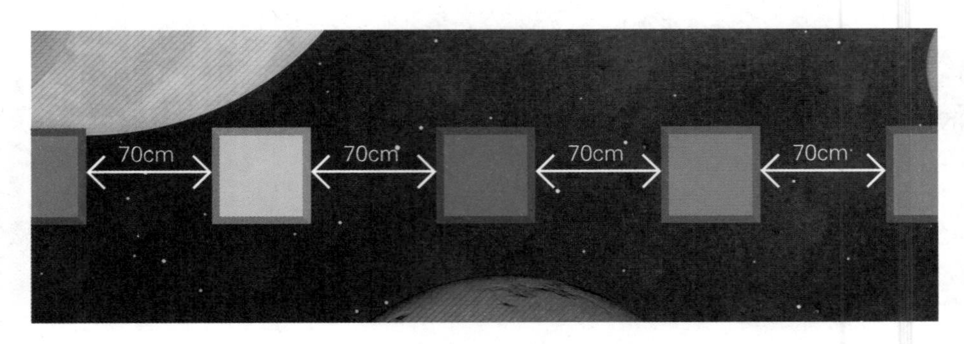

图9.1　本课任务示意图

规划流程

根据上面的任务探秘规划流程，如图9.2所示。

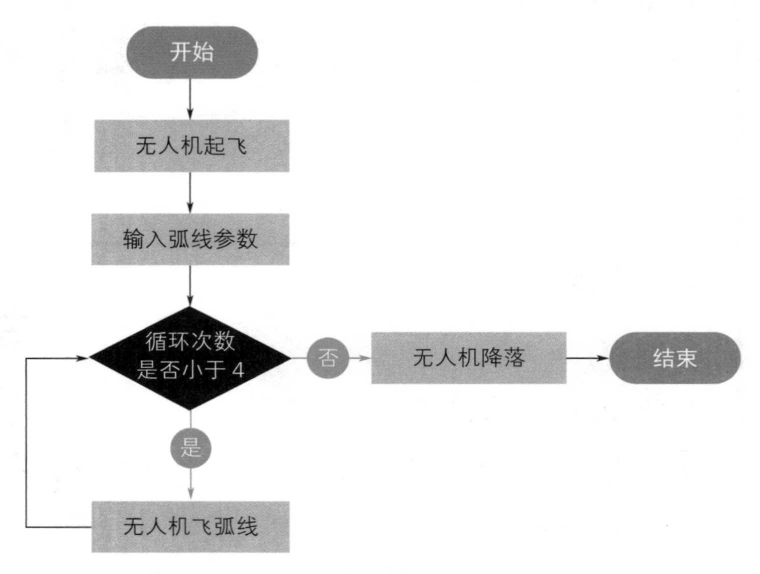

图9.2　流程图

编程实现

使用Python IDLE开发工具，打开“特技表演.py”文件，文件打开后将显示如图9.3所示的代码编辑窗口。

```
特技表演.py - C:\Users\EDZ\Desktop\第11课\特技表演.py (3.9.2)
File  Edit  Format  Run  Options  Window  Help
"""
控制无人机小洛完成跳一跳任务，程序已经为大家写好了for循环，需要
在内部添加六个input函数，用来接收飞行弧线的参数，最后使用无人机
curve指令完成跳一跳任务。
"""
import tellomr  # 导入模块
a = tellomr.Tello()   # 给无人机起名为a
a.takeoff()           # 无人机起飞



for i in range(4):

a.land()              #无人机降落
```

图9.3　Python代码编辑窗

控制无人机小洛跳过每个格子时，需要飞跃弧线，这里使用curve指令实现，它有7个参数，其中最后一个参数用来控制速度，前6个参数用来设置无人机飞跃弧线相关的信息，因此，需要6个input来进行输入。最后使用for循环让无人机连续飞4次弧线即可。完整代码如下：

```
01  import tellomr                                  #导入模块
02  a = tellomr.Tello()                             #给无人机起名为a
03  a.takeoff()                                     #无人机起飞
04  value1 = int(input("请输入参数1"))              #输入弧线第1个参数
05  value2 = int(input("请输入参数2"))              #输入弧线第2个参数
06  value3 = int(input("请输入参数3"))              #输入弧线第3个参数
07  value4 = int(input("请输入参数4"))              #输入弧线第4个参数
08  value5 = int(input("请输入参数5"))              #输入弧线第5个参数
09  value6 = int(input("请输入参数6"))              #输入弧线第6个参数
10  for i in range(4):                              #使用for循环循环4次
11      a.curve(value1,value2,value3,value4,value5,value6,40) #无人机飞弧线
12  a.land()                                        #无人机降落
```

测试程序

运行程序，无人机将从停机坪起飞，之后输入6次弧线参数（例如，35，0，50，70，0，–50），高度不宜过高，无人机将起飞并循环飞行4次弧线线路。

curve

曲线、弧线

perform

表演、执行

value

价值、值

圆和圆弧有什么不同

本课任务中，无人机需要飞行弧线，那么，什么是弧线呢？它跟圆有什么关系呢？

日常生活中很多东西都是圆形的，比如车轮、钟面、光盘、硬币等，它们都是圆形的，圆形的一周是360度，如图9.4所示。我们一般用圆规来绘制圆。

知道了什么是圆以后，圆弧就很好理解了，圆上任意两点间的部分叫作圆弧（即不满的圆），简称弧（半圆也是弧），如图9.5所示。

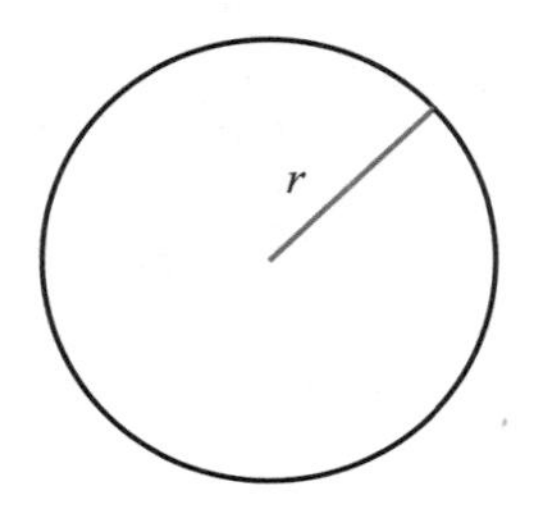

图9.4　圆（线段r是它的半径）

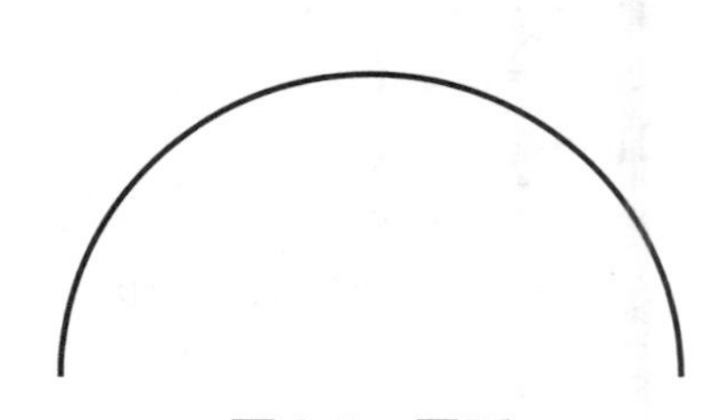

图9.5　圆弧

控制无人机飞行弧线

功能： 无人机的curve指令是所有指令当中最复杂的指令，因为它拥有7个参数，当输入完整时，无人机才能飞出弧线。

语法：

```
无人机名字.curve(x1,y1,z1,x2,y2,z2,speed)
```

想要明确无人机飞弧线当中的参数（其参数类似go指令），就要先明确其几个点，如图9.6所示。

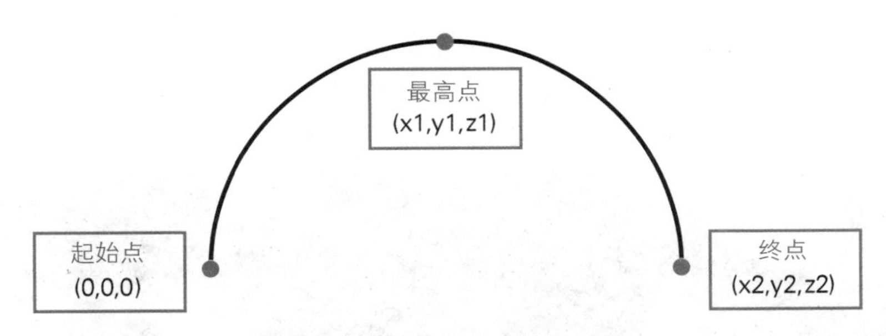

图9.6　无人机飞弧线时的重要点位

参数说明如下：

☑ x1：无人机从起始点到最高点前后移动的距离，当为正数时向前移动，当为负数时向后移动。

☑ y1：无人机从起始点到最高点左右移动的距离，当为正数时向左移动，当为负数时向右移动，0表示不左右移动。

☑ z1：无人机从起始点到最高点上升或下降的距离，当为正数时向上升，当为负数时向下降，0表示不上升或不下降。

☑ x2：无人机从起始点到终点前后移动的距离。

☑ y2：无人机从最高点到终点左右移动的距离。

☑ z2：无人机从最高点到终点上升或下降的距离，当为正数时向上升，当为负数时向下降。

☑ speed：无人机飞弧线时的速度，速度范围是20～50厘米/秒。

任务一：跳一跳

当年红极一时的“跳一跳”游戏，被我们使用无人机完美地实现了。但是我们的无人机小洛想要加入无人机编队，还需要用另一种方式完成这个跳一跳任务，请你编写程序，让无人机小洛可以侧面画弧完成“跳一跳”任务。任务详情如图9.7所示。

图9.7 挑战任务一示意图

任务二：无人机过河

此次任务需要使用无人机完成过河任务，任务要求无人机使用curve弧线指令，依次降落在每一个水中的停机坪上，直到降落在河岸对面完成任务，如图9.8所示。

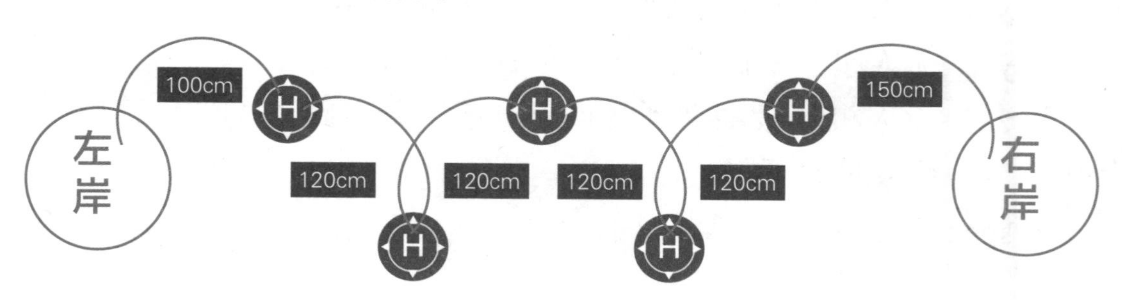

图9.8 挑战任务二示意图

- 无人机新指令
  - 飞弧线：curve（x1,y1,z1,x2,y2,z2,speed）函数
- 数学知识
  - 圆
  - 圆弧
- 巩固Python知识
  - 获取输入内容：input()函数
  - 整数类型转换：int()函数
  - for循环语句

第10课 深入敌后

本课学习目标

- 掌握 while 循环的结构及使用
- 掌握无限循环及 break 退出循环的使用
- 通过无人机任务熟悉循环语句和条件语句的搭配使用
- 了解无人机在军事领域的应用

扫描二维码
获取本课资源

任务探秘

无人机小洛参加了一个模拟军事演习，我们需要帮助小洛完成一项非常艰巨的任务：现在有间谍窃取了重要情报，请你遥控小洛潜入间谍基地，躲避沿途的障碍和机关，销毁间谍的情报站。任务示意如图 10.1 所示。

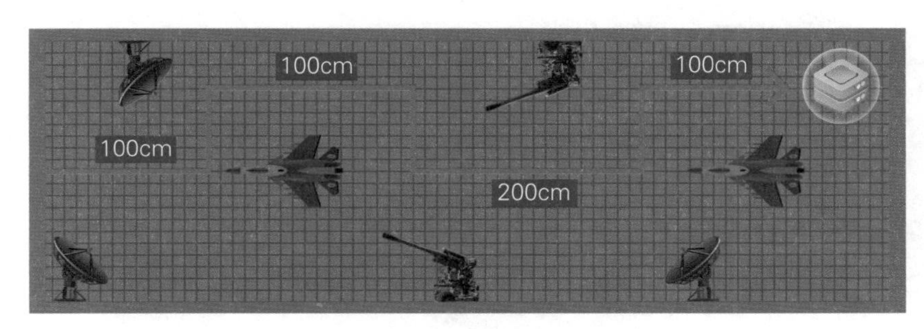

图 10.1　本课任务示意图

规划流程

根据上面的任务探秘规划流程，如图 10.2 所示。

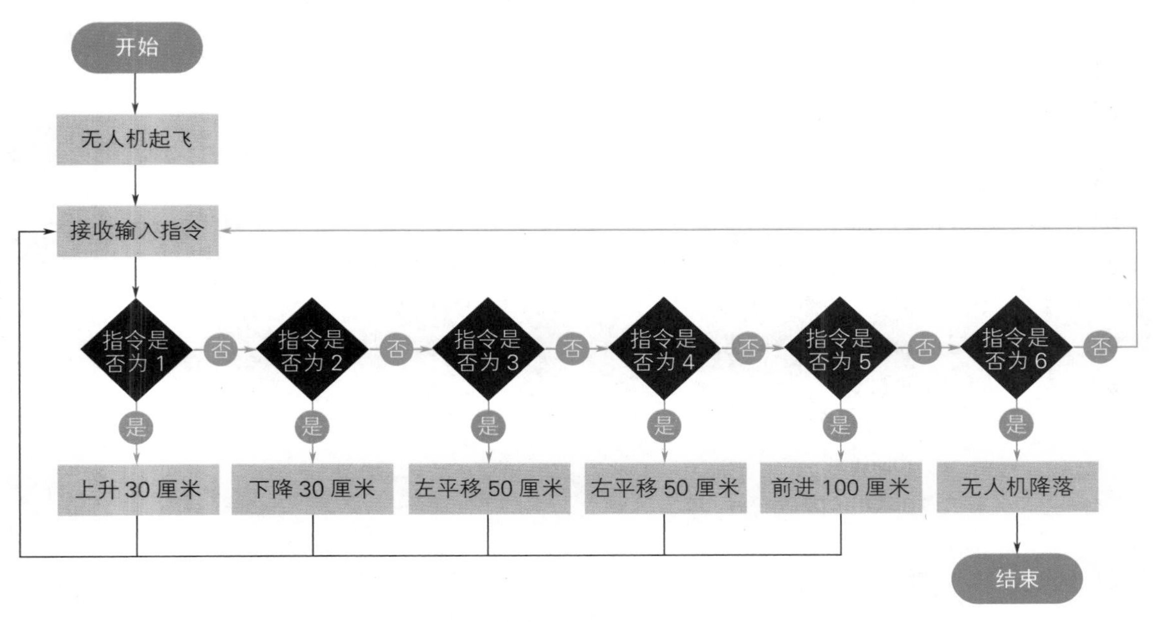

图 10.2　本课任务流程图

编程实现

使用Python IDLE开发工具打开“深入敌后.py”文件，文件打开后将显示如图10.3所示的代码编辑窗口。

```
import tellomr      #导入模块
a = tellomr.Tello()      #给无人机起名为a
a.takeoff()      #无人机起飞
while True:
    instruction = int(input('''请输入无人机指令序号：1.无人机上升30cm;
2.无人机下降30cm; 3.无人机左平移50cm; 4.无人机右平移50cm; 5.无人机前进
100cm; 6.无人机下降''')) #输入指令

a.land()      #无人机降落
```

图10.3 Python代码编辑窗口

首先通过if…elif…语句判断输入的序号以及对应的结果，并在判断输入的序号为6时，使用break语句退出循环。完整代码如下：

```
01  import tellomr                            #导入模块
02  a = tellomr.Tello()                       #给无人机起名为a
03  a.takeoff()                               #无人机起飞
04  while True:                               #进入无限循环
05      instruction = int(input('''请输入无人机指令序号:1.无人机上升30cm;
06  2.无人机下降30cm;3.无人机左平移50cm;4.无人机右平移50cm;5.无人机前进
07  100cm;6.无人机下降'''))                   #输入指令
08      if instruction == 1:                  #如果输入为1
09          a.up(30)                          #无人机上升30cm
10      elif instruction == 2:                #否则如果输入为2
11          a.down(30)                        #无人机下降30cm
12      elif instruction == 3:                #否则如果输入为3
13          a.left(50)                        #无人机左平移50cm
14      elif instruction == 4:                #否则如果输入为4
15          a.right(50)                       #无人机右平移50cm
```

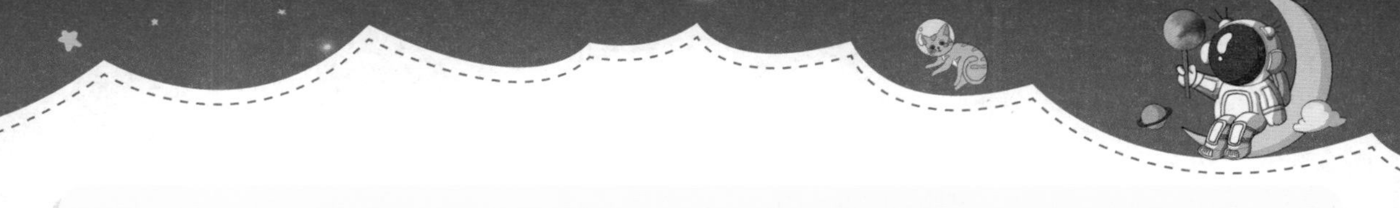

```
16      elif instruction == 5:          #否则如果输入为5
17          a.forward(100)              #无人机前进100cm
18      elif instruction == 6:          #否则如果输入为6
19          break                       #退出循环
20  a.land()                            #无人机降落
```

测试程序

运行程序，无人机将从停机坪起飞，然后通过不断地输入各种序号，操纵无人机躲避障碍和机关，最终飞到终点后，输入数字6降落。具体程序运行图如图10.4所示，扫码查看动态演示效果。

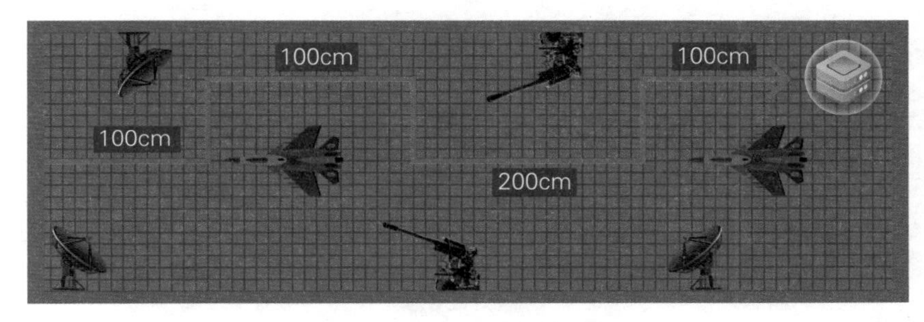

图10.4　程序运行图

说明

路线不唯一，能达到终点即可。

学习秘籍

英语角

while

虽然，在……期间，当……时

instruction

指示，指令

break

打破，损坏，终止

true

确实的，真正的

需要满足条件才执行的循环

本课任务中，我们将使用while循环满足用户重复输入的需求。

功能： 当判断条件满足时，重复执行其中的语句，当条件不满足时不再执行其中的语句。所有被重复执行的语句被称为循环体，可包含多条执行语句。

语法：

```
while 判断条件:
        语句块1
        语句块2
        …
```

while循环的流程图如图10.5所示。

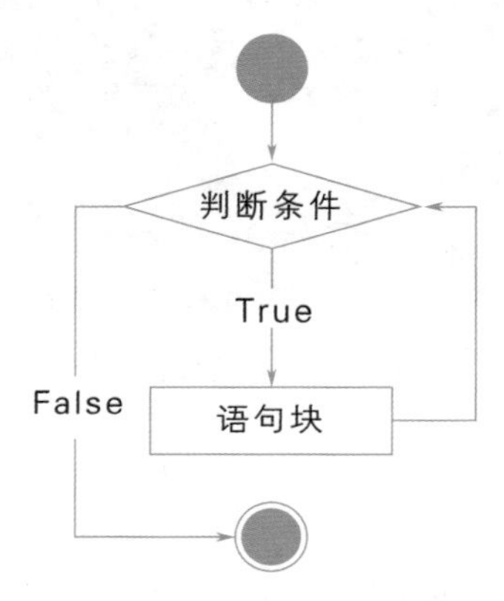

图10.5 while循环流程图

例如，本课任务中使用while循环指定True条件，使控制人能够持续输入控制命令：

```
01 while True: #进入死循环
```

：乐乐，上面的while True，我用了之后，程序为什么停不下来了！

：这是进入死循环了，死循环也叫无限循环，指永远无法结束的循环，循环结构中的语句会永远执行，而循环结构下方的语句却永远不会执行。

在使用while循环时，有两种情况会进入死循环：

- 情况1：当程序的判断条件设置不合理时，就有可能造成死循环。

● 情况2：while后面的判断条件永远成立（比如1==1），或将判断条件设置为True时，有条件的循环就变成了死循环。

使用break退出循环

功能：在循环语句中使用break时，一般都要和条件结构搭配使用，即满足一定条件后才退出循环，特殊情况也可以单独使用break。

语法：

```
while 判断条件/True:
        语句块1
        语句块2
        if 判断条件:
          …
          break
          …
```

在while循环语句中使用break语句的流程图如图10.6所示。

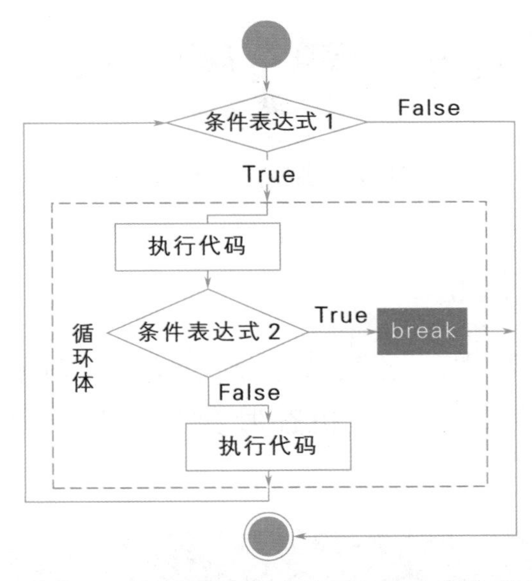

图10.6　在while循环语句中使用break语句的流程图

例如，本课任务中，在while循环中，判断输入的序号为6时，退出循环：

```
01  elif instruction == 6:          #否则如果输入为6
02      break                       #退出循环
```

break只能在循环语句中使用，否则会出现错误哦。

任务一：躲避雷达

无人机完成任务后，燃料不足需要立即返航，但敌方开启了多个防空雷达，此次任务需要通过输入指令的方式，控制无人机躲避敌方防空雷达，安全返回，如图10.7所示。（提示：可以修改前进距离、顺逆时针旋转。）

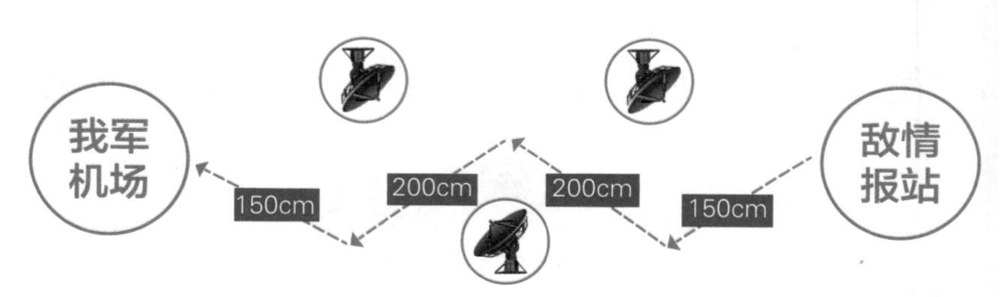

图10.7　挑战任务一示意图

任务二：通信干扰

因为受到通信干扰，这次我们无法无限次地输入指令来控制小洛，请你修改程序，改为无人机在收到7次指令后，自动降落，如图10.8所示。

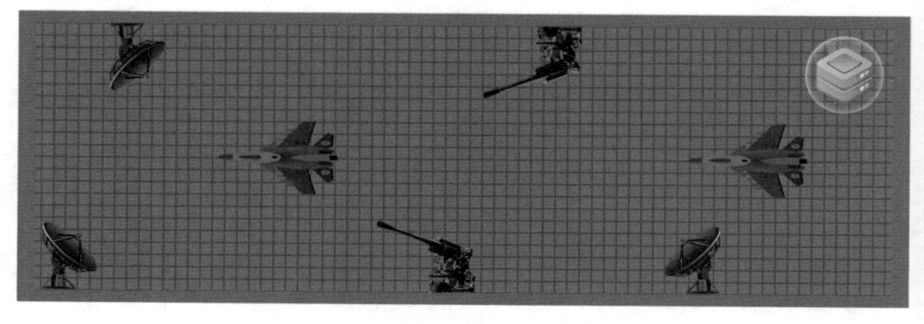

图10.8　挑战任务二示意图

- Python知识
  - while循环：
    - while 判断条件：
        语句块1
        语句块2
        …
    - 死循环：while True:
    - break跳出语句
- 巩固无人机指令
  - 前进：forward()函数
  - 上升：up()函数
  - 下降：down()函数
  - 左平移：left()函数
  - 右平移：right()函数

第11课

泰山登高

本课学习目标

- 巩固无人机飞行指令的使用
- 掌握如何综合应用多种指令来完成任务
- 了解泰山风景区

扫描二维码
获取本课资源

任务探秘

本次我们将和无人机小洛放松一下，一起去泰山看日出。虽然是去泰山旅游，但是在有限的时间内是无法游遍整个泰山的，所以我们决定从天外村、岱宗坊和岱庙中的其中一处景点出发，请自主设计无人机飞行路线，完成泰山中三个景点的探索（需到达泰山最高处景点之一），如图11.1所示。

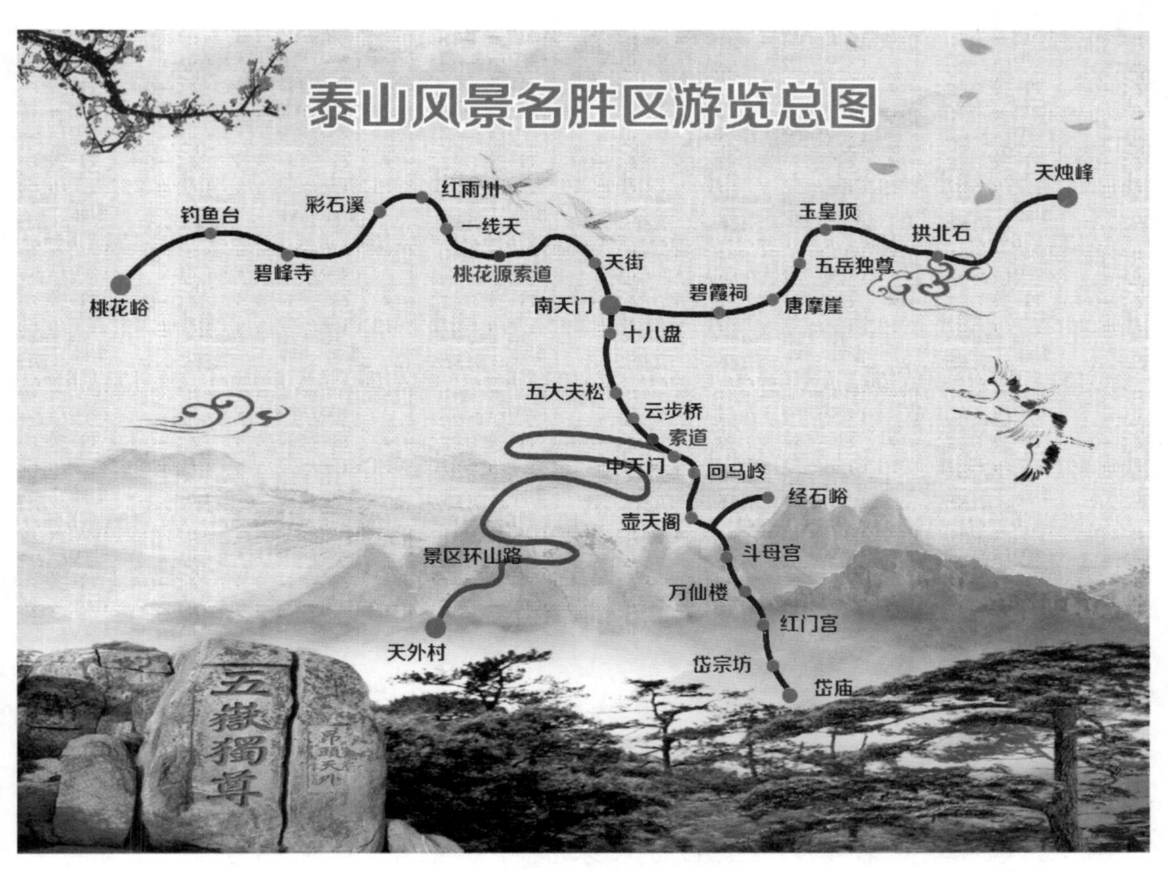

图11.1　本课任务示意图

规划流程

由于路线不唯一，因此这里我们以“天外村——五大夫松——玉皇顶”为例，规划无人机控制程序的流程，如图10.2所示。

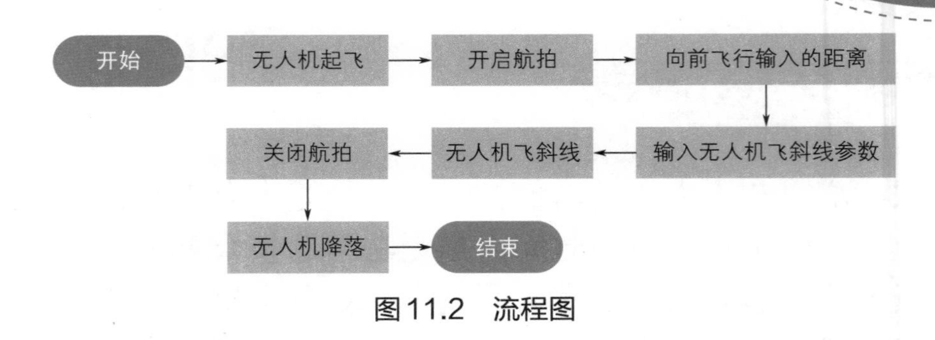

图11.2　流程图

编程实现

使用Python IDLE开发工具，打开“泰山登高.py”文件，文件打开后将显示如图11.3所示的代码编辑窗口。

```
泰山登高.py - C:\Users\EDZ\Desktop\泰山登高.py (3.9.2)
File  Edit  Format  Run  Options  Window  Help
import tellomr   # 导入模块
a = tellomr.Tello()    # 给无人机其名为a
print(a.get_battery)      # 打印无人机当前电量
a.takeoff()               #无人机起飞
a.streamon()              #开启摄像头, 切记开启摄像头和关闭摄像头不可顺序执行
a.forward(distance)       #无人机前进
a.back(distance)          #无人机后退
a.left(distance)          #无人机左平移
a.right(distance)         #无人机右平移
a.up(distance)            #无人机上升
a.down(distance)          #无人机下降
a.go(x,y,z,speed)         #无人机飞斜线
a.curve(x1,y1,z1,x2,y2,z2,speed)        #无人机飞弧线
a.cw()                    #无人机顺时针旋转
a.ccw()                   #无人机逆时针旋转
a.streamoff()             #关闭摄像头
a.land()                  #无人机降落
```

图11.3　Python代码编辑窗口

在代码编辑窗口中已经为大家整理了前10节课所学到的所有无人机指令，我们需要自己设计本课无人机所游览的三个景区路线，然后根据所提供的代码组合成一个可以让无人机飞向目标景区的完整程序，示例代码：

```
01  import tellomr                              #导入模块
02  a = tellomr.Tello()                         #给无人机起名为a
03  a.takeoff()                                 #无人机起飞
```

```
04  a.streamon()                                #开启摄像头
05  distance = int(input('请输入需要前进的距离:'))
06  a.forward(distance)                         #无人机前进控制输入的距离
07  distance01 = int(input('请输入前后距离:'))
08  distance02 = int(input('请输入左右距离:'))
09  distance03 = int(input('请输入上下距离:'))
10  a.go(distance01,distance02,distance03,60)   #无人机飞斜线
11  a.streamoff()                               #关闭摄像头
12  a.land()                                    #无人机降落
```

测试程序

运行以上示例代码，先输入前进距离（例如，150），然后输入go()指令的三个参数（例如，100、–50、0），将实现如图11.4所示的飞行路线。

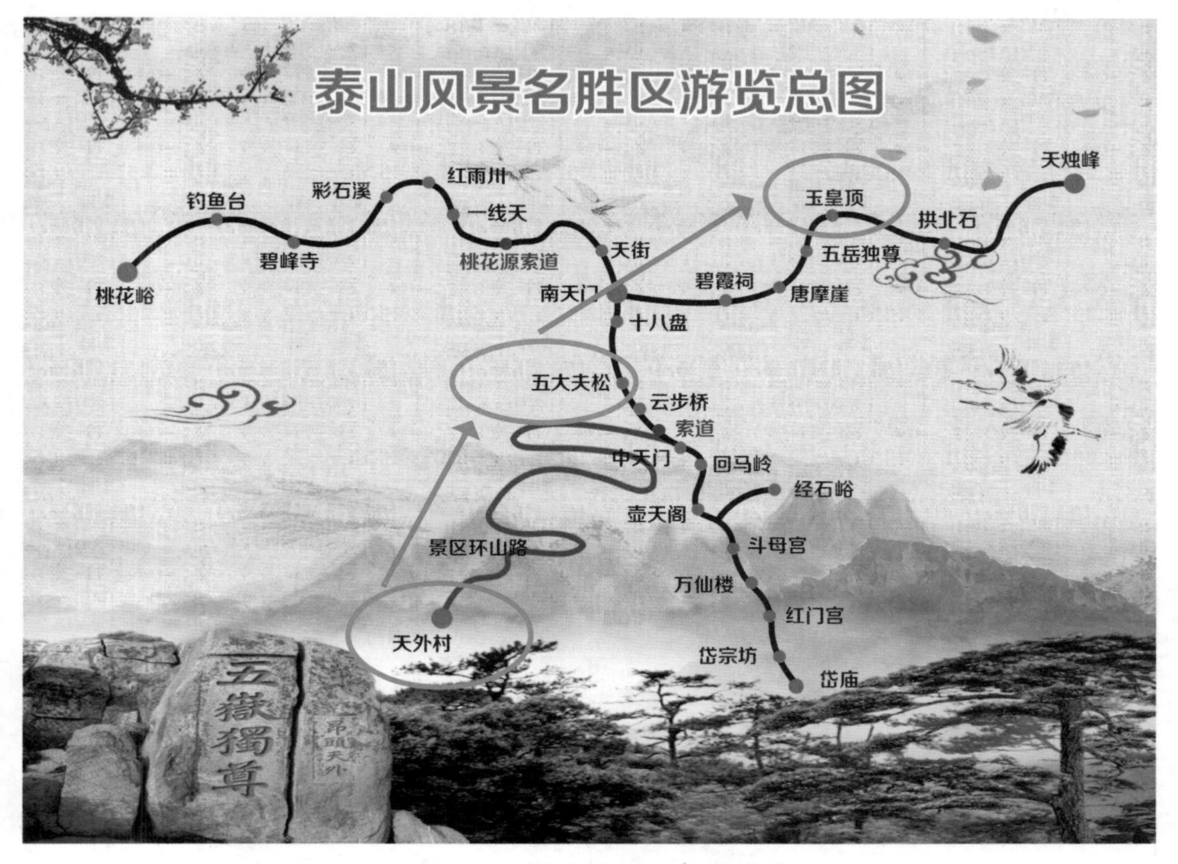

图11.4　示例代码飞行路线

说明

此次实践任务可以发挥同学们的各种想象力，所以在编写代码时没有一个准确的、固定的答案。

stream

流动；流；流出；流；溪；小河

takeoff

起跳、起飞

forward

向前地、向前、前进、进展

land

土地、陆地、大地、降落、着陆

distance

距离、间距、远方、远处

left

左边、左边的、向左、在左边

on

在……上，开（机）

off

离开（某处）、关

无人机指令大总结

前面的课程中我们已经学习了无人机的常用指令，这里对其进行总结，如表11.1所示。

表11.1 无人机指令大总结

动作	指令	示例
上升	up(距离)	drone.up(60) # 上升 60 厘米
下降	down(距离)	drone.down(60) # 下降 60 厘米
前进	forward(距离)	drone.forward(60) # 前进 60 厘米
后退	back(距离)	drone.back(60) # 后退 60 厘米
左平移	left(距离)	drone.left(60) # 左平移 60 厘米
右平移	right(距离)	drone.right(60) # 右平移 60 厘米
顺时针旋转	cw(度数)	drone.cw(45)# 顺时针旋转 45 度

续表

动作	指令	示例
逆时针旋转	ccw(度数)	drone.ccw(45) # 逆时针旋转 45 度

飞斜线	go（x，y，z，速度 1）	# 以每秒 30 厘米的速度飞到坐标 (x,y,z) 指定的位置
		drone.go(100,50,50,30)

飞弧线	curve(x1,y1,z1,x2,y2,z2,速度 2)	# 飞弧线
		drone.curve(100,0,50,200,0,0,50)

开启摄像头（打开视频流）	streamon()	drone.streamon()# 开启摄像头
关闭摄像头（关闭视频流）	streamoff()	drone.streamoff() # 关闭摄像头
起飞	takeoff()	drone.takeoff() # 起飞
降落	land()	drone.land() # 降落

任务一：三点航线

此次挑战任务需要在泰山景区地图上找到任意3个景点所围成的三角形作为航线，如图11.5所示。（提示：路线不唯一。）

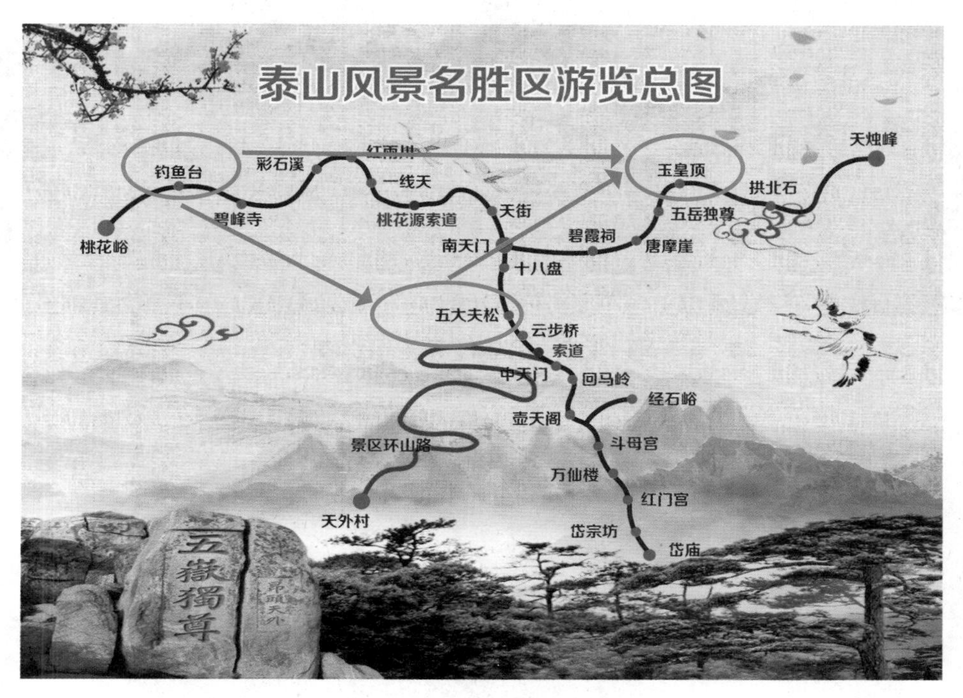

图11.5　挑战任务一示意图

任务二：最短距离

假如无人机飞行距离与实际泰山的地貌比例为1 ：500（厘米），现在请大家为无人机小洛设计一条路线，让它可以在最短的距离内，从岱庙出发，浏览中天门、南天门、天烛峰（顺序可以随意）这3处景点，并在程序最后打印其实际距离，如图11.6所示。

图11.6　挑战任务二示意图

- 巩固Python知识
  - 获取输入内容：input()函数
  - 整数类型转换：int()函数
- 巩固无人机指令
  - 起飞：takeoff()函数
  - 前进：forward()函数
  - 开启摄像头：streamon()函数
  - 关闭摄像头：streamoff()函数
  - 飞斜线：go()函数
  - 降落：land()函数

第12课

疫情防控

本课学习目标

- 熟悉 time 模块的使用
- 掌握如何使用 time 模块实现无人机悬停
- 熟悉 if…elif 多分支选择结构的实际应用
- 巩固无人机常用指令的使用

扫描二维码
获取本课资源

任务探秘

乐乐所在的明日小区要进行核酸检测，但是乐乐家离核酸检测位置较远，为了防止交叉感染，社区要求按照楼栋进行核酸检测。乐乐在知晓情况后，想要在人员比较少的时候，再去进行核酸检测，以防止交叉感染。现在请你控制无人机小洛，根据设定的路线，前往核酸检测地点，停留一段时间，查看参与核酸检测的人数。本课任务示意如图12.1所示。

图12.1　本课任务示意图

规划流程

我们需要先规划出一条前往核酸检测处的路线，如图12.2所示（路线不唯一）。

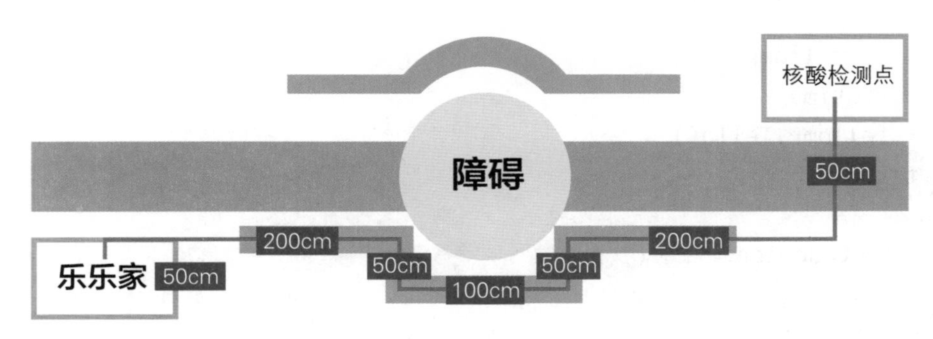

图12.2　本课任务线路

根据上面的线路可以得出如图12.3所示的流程图。

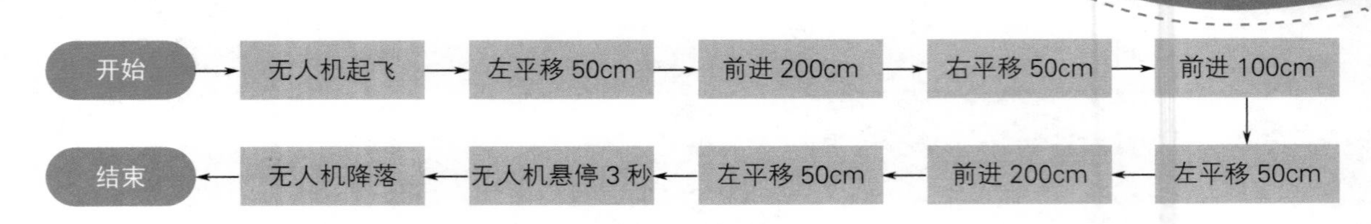

图 12.3　本课任务流程图

编程实现

使用Python IDLE开发工具打开“疫情防控.py”文件，文件打开后将显示如图12.4所示的代码编辑窗口。

File　Edit　Format　Run　Options　Window　Help

```
import tellomr          #导入无人机控制模块
import time             #导入时间模块
a = tellomr.Tello()          #给无人机起名为a
a.takeoff()             #无人机起飞
```

图 12.4　Python代码编辑窗口

根据流程分析添加无人机飞行代码，并在飞行到指定位置后，使用time模块的sleep函数悬停3秒。代码如下：

```
01  import tellomr                          #导入模块
02  import time                             #导入时间模块
03  a = tellomr.Tello()                     #给无人机起名为a
04  a.takeoff()                             #无人机起飞
05  while True:                             #进入死循环
06      instruction = int(input('''请输入无人机指令序号:1.无人机上升30cm;
07  2.无人机下降30cm;3.无人机左平移50cm;4.无人机右平移50cm;5.无人机前进
08  100cm;6.无人机下降'''))                  #输入指令
09      if instruction == 1:                #如果输入为1
10          a.up(30)                        #无人机上升30cm
```

```
11      elif instruction == 2:              #否则如果输入为2
12          a.down(30)                      #无人机下降30cm
13      elif instruction == 3:              #否则如果输入为3
14          a.left(50)                      #无人机左平移50cm
15      elif instruction == 4:              #否则如果输入为4
16          a.right(50)                     #无人机右平移50cm
17      elif instruction == 5:              #否则如果输入为5
18          a.forward(100)                  #无人机前进100cm
19      elif instruction == 6:              #否则如果输入为6
20          break                           #退出循环
21  time.sleep(3)                           #无人机悬停3秒
22  a.land()                                #无人机降落
```

测试程序

运行程序，无人机将从停机坪起飞，之后通过不断地飞行，前往核酸检测处后，悬停3秒。无人机飞行路线如图12.5所示。

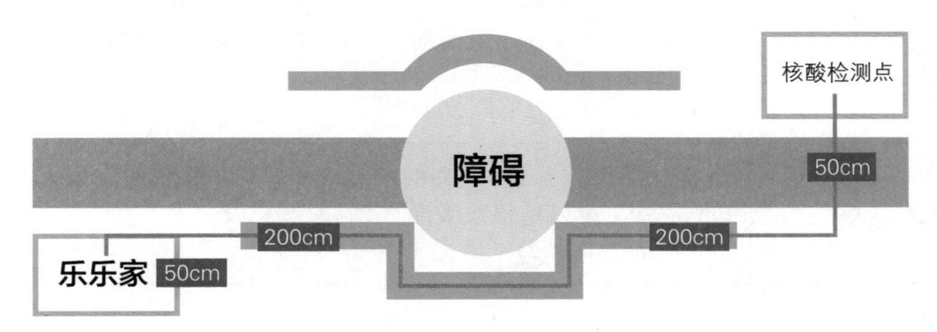

图12.5 无人机飞行路线

time

时间；点钟；时刻

sleep

睡觉；入睡

使用time模块处理时间

time模块是Python中用于处理时间的标准模块，它可以获取系统时间并格式化输出，还能提供系统精准计时功能，以用于分析程序性能。与tellomr的用法相似，在使用之前，我们需要先导入time模块，之后每次使用时都要先打上time模块的名字，具体用法如下：

```
import time
time.xxx()
```

time模块中的函数主要用法如表12.1所示。

表12.1　time模块的常用函数

函数	描述
time（）	获得当前时间戳，即计算机内部时间值，结果为浮点数 >>> time.time( ) 1648703787.7740908
ctime（ ）	获取当前时间并以易读的方式表示，结果为字符串 >>> time.ctime( ) 'Thu Mar 31 13:18:47 2022'
sleep（s）	让程序等待（休眠）一段时间（可让无人机悬停）。s为休眠的时间，单位是秒，可以是整数或浮点数 >>> time.sleep(3)

小知识

Python中的模块可以认为是一盒（箱）主题积木，通过它可以拼出某一主题的东西。一个函数相当于一块积木，一个模块中可以包含很多函数，也就是很多积木。Python中有很多的内置模块，例如time(时间模块)、os(文件和目录)、random（随机数模块）等。

例如，本课任务中使用time模块的sleep函数使无人机悬停3秒：

```
time.sleep(3)                    #无人机悬停3秒
```

任务一：疫情宣传

此次任务需要小明控制无人机小洛开展疫情巡防活动，实现零接触疫情防护的宣传。现在请你控制无人机小洛按照图12.6所示飞行路线飞行3圈，让无人机小洛在整个小区内完成疫情巡防宣传任务。（提示：可以使用循环。）

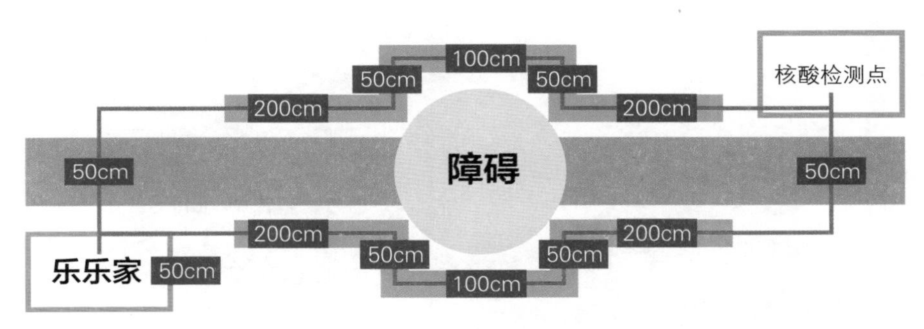

图12.6　挑战任务一示意图

任务二：派发物资

此次任务需要无人机小洛帮助“大白”（防疫人员）为居家隔离的居民派发物资，每层楼之间的高度为3米（比例1 ： 10），现在请你设计无人机派送物资的路线以及每栋楼需要上升的高度，物资派发完毕后返回起点，如图12.7所示。

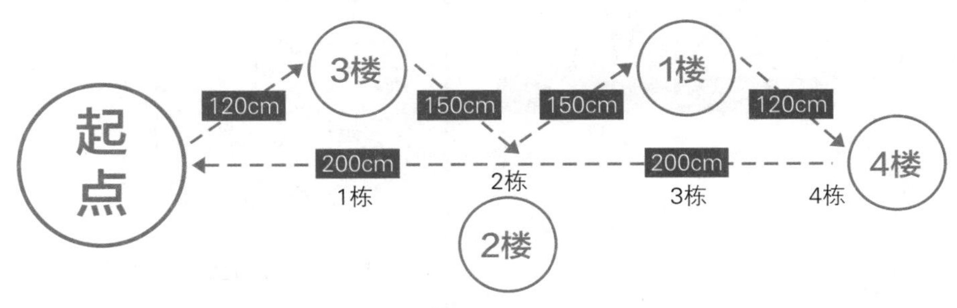

图12.7　挑战任务二示意图

知识卡片

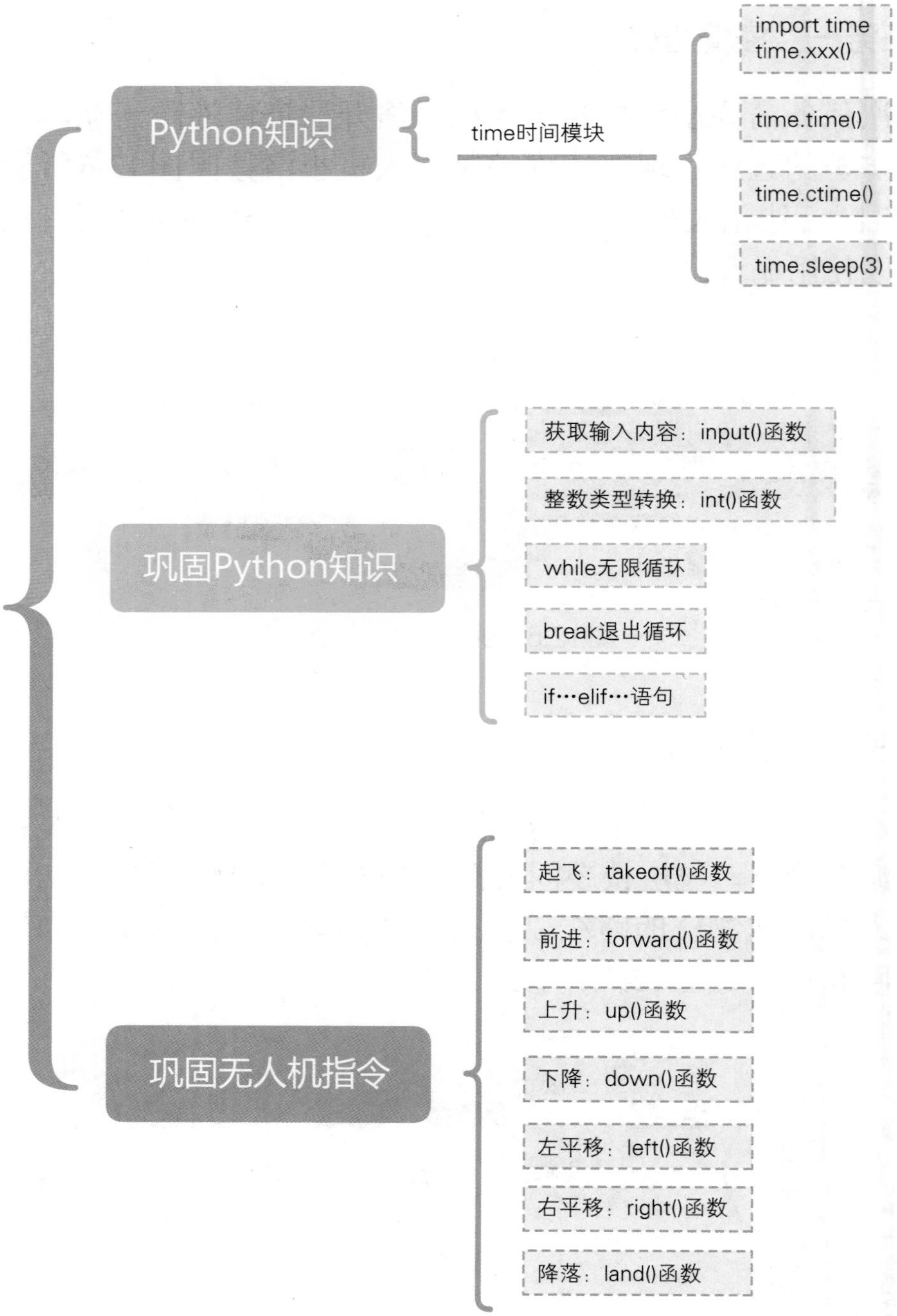

- Python知识
  - time时间模块
    - import time
time.xxx()
    - time.time()
    - time.ctime()
    - time.sleep(3)
- 巩固Python知识
  - 获取输入内容：input()函数
  - 整数类型转换：int()函数
  - while无限循环
  - break退出循环
  - if…elif…语句
- 巩固无人机指令
  - 起飞：takeoff()函数
  - 前进：forward()函数
  - 上升：up()函数
  - 下降：down()函数
  - 左平移：left()函数
  - 右平移：right()函数
  - 降落：land()函数

附录

Python的下载、安装与使用

1. 下载Python安装包

在Python的官方网站中，可以很方便地下载Python的开发环境，具体下载步骤如下：

（1）打开浏览器（如谷歌浏览器），在地址栏输入“https://www.python.org”，按下<Enter>键后进入Python官方网站，将鼠标移动到“Downloads”菜单上，单击“Windows”菜单项，进入详细的下载列表，如图1所示。

Stable Releases

- Python 3.10.3 - March 16, 2022
  Note that Python 3.10.3 *cannot* be used on Windows 7 or earlier.
  - Download Windows embeddable package (32-bit)
  - Download Windows embeddable package (64-bit)
  - Download Windows help file
  - Download Windows installer (32-bit)
  - Download Windows installer (64-bit)

Pre-releases

- Python 3.11.0a6 - March 7, 2022
  - Download Windows embeddable package (32-bit)
  - Download Windows embeddable package (64-bit)
  - Download Windows help file
  - Download Windows installer (32-bit)
  - Download Windows installer (64-bit)
  - Download Windows installer (ARM64)

图1　适合Windows系统的最新版Python下载列表

（2）在如图1所示的详细下载列表中，列出了Python提供的各个版本的下载链接。读者可以根据需求下载对应的版本，点击即可下载。

说明

在如图1所示的列表中，带有“32-bit”字样的，表示该安装包是在Windows 32位系统上使用的；带有“64-bit”字样的，则表示该安装包是在Windows 64位系统上使用的；另外，Python的版本是不断变化的，但在图1所示页面中往下滚动，可以看到旧版本的下载链接，建议下载最新的版本学习。

（3）下载完成后，浏览器会自动提示“此类型的文件可能会损害您的计算机。您仍然要保留python-3.10-am64.exe吗？”此时，单击

“保留”按钮，保留该文件即可。

2.Windows 64位系统上安装Python

在Windows 64位系统上安装Python的步骤如下：

（1）双击下载后得到的安装文件python-3.10.0-amd64.exe，将显示安装向导对话框，选中“Add Python 3.10 to PATH”复选框，让安装程序自动配置环境变量。如图2所示。

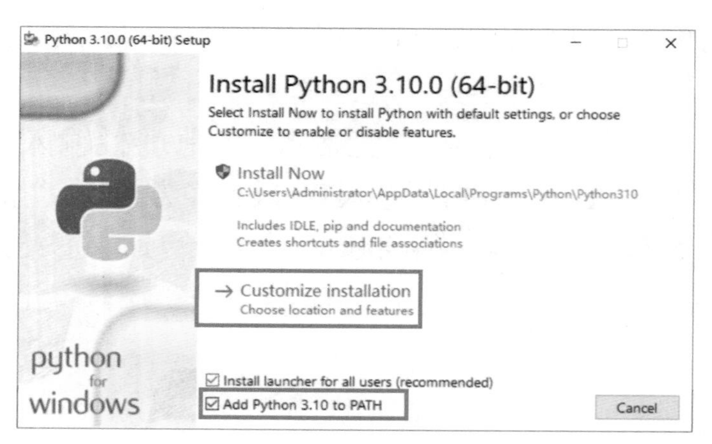

图2　Python安装向导

（2）单击“Customize installation”按钮，在弹出的“安装选项”对话框中采用默认设置，单击Next按钮，将打开“高级选项”对话框，在该对话框中，设置安装路径为“G:\Python”（建议Python的安装路径不要放在操作系统的安装路径，否则一旦操作系统崩溃，在Python路径下编写的程序将非常危险），其他采用默认设置，如图3所示。

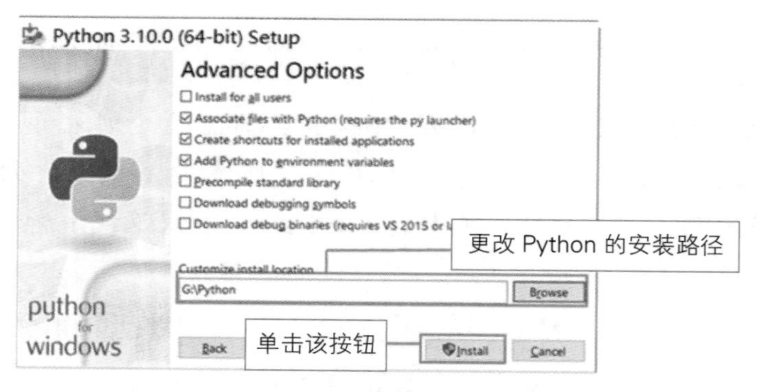

图3　“高级选项”对话框

（3）单击Install按钮，开始安装Python，等待安装完成即可。

3. 测试Python是否安装成功

Python安装成功后，需要检测Python是否成功安装。例如，在Windows 10系统中检测Python是否成功安装，可以单击Windows 10系统的开始菜单，在桌面左下角“搜索程序和文件”文本框中输入cmd命令，然后按下<Enter>键，启动命令行窗口，在当前的命令提示符后面输入“python”，并且按<Enter>键，如果出现如图4所示的信息，则说明Python安装成功，同时也进入到交互式Python解释器中。

```
C:\Users\Administrator>python
Python 3.10.0 (tags/v3.10.0:b494f59, Oct  4 2021, 19:00:18) [MSC v.1929 64 bit (AMD64)] on win32
Type "help", "copyright", "credits" or "license" for more information.
>>>
```

图4　在命令行窗口中运行的Python解释器

4. 解决提示“'python'不是内部或外部命令……”

在命令行窗口中输入“python”命令后，显示“'python'不是内部或外部命令，也不是可运行的程序或批处理文件”，如图5所示。

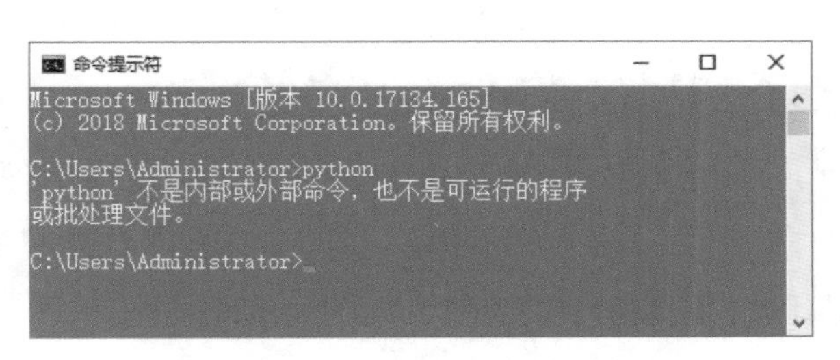

图5　输入python命令后出错

出现该问题的原因是在当前的路径中，找不到Python.exe可执行程序，具体的解决方法是配置环境变量，这里以Windows 10系统为例介绍配置环境变量的方法，具体如下：

在“此电脑”图标上单击鼠标右键，然后在弹出的快捷菜单中执行“属性”命令，并在弹出的“系统”对话框中单击“高级系统设置”超链接，单击“环境变量”按钮，将弹出“环境变量”对话框，在“Administrator的用户变量”中，单击“新建”按钮，将弹出“新建用户变量”对话框，如图6所示，在“变量名”所对应的编辑框中输入“Path”，然后在“变量值”所对应的编辑框中输入“G:\Python\;G:\Python\Scripts;”变量值。

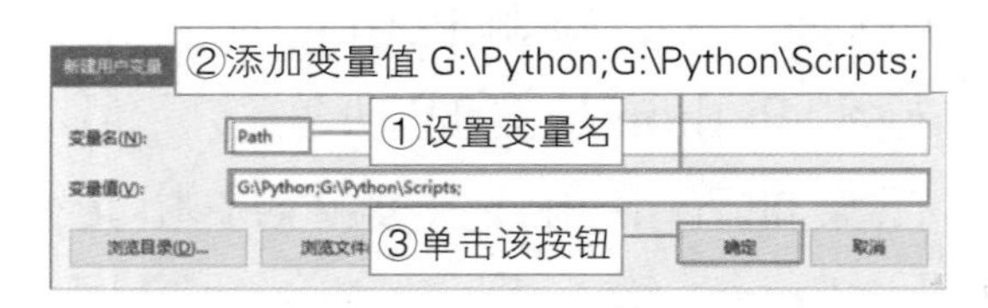

图6　创建用户变量

注意

最后的“;”不要丢掉，它用于分割不同的变量值。另外，G盘为笔者安装Python的路径，读者可以根据计算机实际情况进行修改。

设置完成后，依次单击“确定”按钮即可。

5. 打开IDLE并编写代码

在安装Python后，会自动安装一个IDLE，它是一个Python Shell（可以在打开的IDLE窗口的标题栏上看到），也就是一个通过键入文本与程序交互的途径，程序开发人员可以利用Python Shell与Python交互。下面将详细介绍如何使用IDLE开发Python程序。

打开IDLE时，可以单击Windows10系统的开始菜单图标，然后依次选择“所有程序”→“Python 3.10”→“IDLE (Python 3.10 64-bit)”菜单项，即可打开IDLE窗口，如图7所示。

图7　IDLE主窗口

（1）在IDLE主窗口的菜单栏上，选择File→New File菜单项，将打开一个新窗口，在该窗口中，可以直接编写Python代码，并且输入一行代码后再按下〈Enter〉键，将自动换到下一行，等待继续输入，如图8所示。

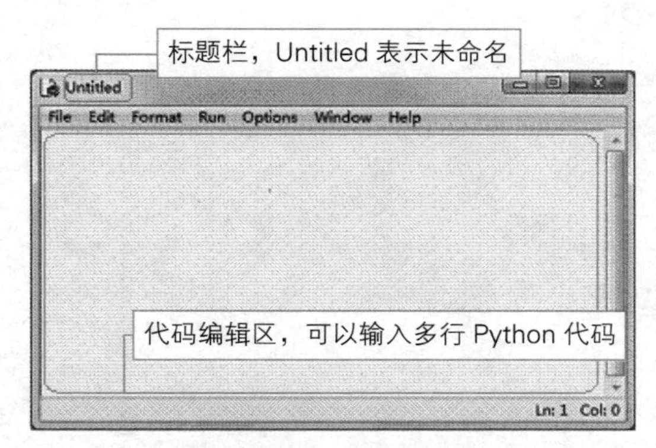

图8　新创建的Python文件窗口

（2）例如，在代码编辑区中编写“hello world”程序，代码如下：

```
print("hello world")
```

编写完成的代码效果如图9所示。按下快捷键〈Ctrl +S〉保存文件，这里将其保存为demo.py。其中的.py是Python文件的扩展名。然后按<F5>键即可运行程序。

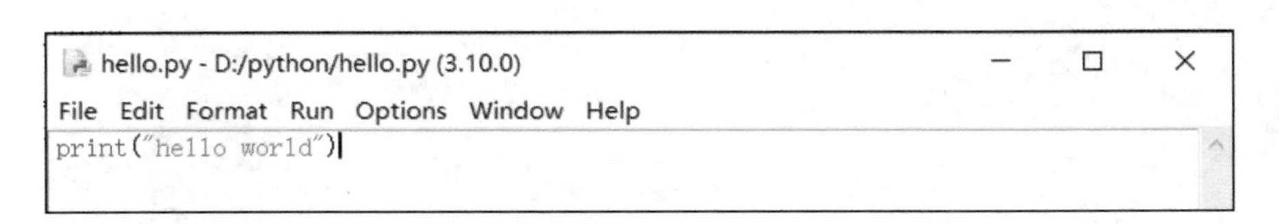

图9　代码编写完的效果

明日之星教研中心　编著

孩子们的编程书

Python编程入门 趣味数学

内容简介

本书是“孩子们的编程书”系列里的《Python编程入门：趣味数学》分册，本系列图书共分6级，每级两个分册，书中内容结合孩子学习特点，从编程思维启蒙开始，逐渐过渡到Scratch图形化编程，最后到Python编程，通过简单有趣的案例，循序渐进地培养和提升孩子的数学思维和编程思维。本系列图书内容注重编程思维与多学科融合，旨在通过探究场景式软件、游戏开发应用，全面提升孩子分析问题、解决问题的能力，并养成良好的学习习惯，提高自身的学习能力。

本书内容以Python+数学为主，主要以使用Python解决常见趣味数学问题为主线，对Python进阶知识进行讲解，并引导孩子能够利用所学知识解决实际中遇到的问题，做到学以致用；另外，在讲解过程中结合思维导图的形式，启发和引导孩子们去思考和创造，提升孩子分析问题、解决问题的能力。

本书采用全彩印刷＋全程图解的方式展现，每节课均配有微课教学视频，还提供所有实例的源程序、素材，扫描书中二维码即可轻松获取相应的学习资源，大大提高学习效率。

本书特别适合中小学生进行Python编程初学使用，适合完全没有接触过编程的家长和小朋友一起阅读。对从事编程教育的老师来说，这也是一本非常好的教程。本书可以作为中小学兴趣班以及相关培训机构的教学用书，也可以作为全国青少年编程能力等级测试的参考教程。

图书在版编目（CIP）数据

Python编程入门. 趣味数学/明日之星教研中心编著. —北京：化学工业出版社，2022.11

ISBN 978-7-122-42098-5

Ⅰ.①P… Ⅱ.①明… Ⅲ.①软件工具-程序设计-青少年读物 Ⅳ.①TP311.561-49

中国版本图书馆CIP数据核字（2022）第163153号

责任编辑：曾 越 周 红 雷桐辉　　装帧设计：水长流文化
责任校对：赵懿桐

出版发行：化学工业出版社（北京市东城区青年湖南街13号 邮政编码100011）
印　　装：中煤（北京）印务有限公司
787mm×1092mm 1/16 印张$14^1/_2$ 字数216千字 2023年3月北京第1版第1次印刷

购书咨询：010-64518888　　售后服务：010-64518899
网　　址：http://www.cip.com.cn
凡购买本书，如有缺损质量问题，本社销售中心负责调换。

定　　价：108.00元（全2册）

如何使用本书

本书共12课，每课基本学习顺序是一样的，先从开篇漫画开始，然后按照任务探秘、规划流程、探索实践、学习秘籍和挑战空间的顺序循序渐进地学习，最后是知识卡片。在学习过程中，如果“探索实践”部分内容有些不理解，可以先继续往后学习，等学习完“学习秘籍”的内容后，你就会豁然开朗。学习顺序如下：（本书学习过程中需要使用Python，可以参考无人机分册附录下载并安装Python。）

小勇士，快来挑战吧！

开篇漫画：知识导引

任务探秘：任务描述、预览任务效果

规划流程：理清思路

探索实践：编程实现、程序测试

学习秘籍：探索知识、学科融合

挑战空间：挑战巅峰

知识卡片：思维导图总结

互动App——一键扫码、互动学习

微课视频——解除困惑、沉浸式学习

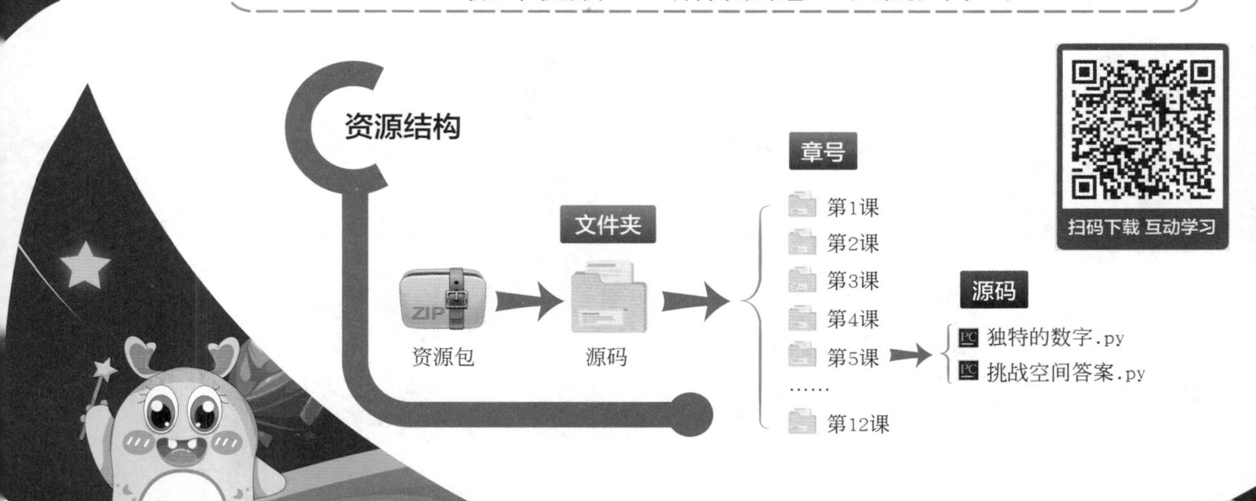

人物介绍

一天傍晚，依林小镇东方的森林里出现一个深坑，从造型奇特的飞行器中走出几个外星人，来自外太空的卡洛和他的小伙伴们就这样带着对地球的好奇在小镇生活下来。

卡洛（仙女星系）

关键词：机灵 呆萌

来自距地球254万光年的仙女星系，对地球的一切都很感兴趣，时而聪明，时而呆萌，乐于助人。

圆圆（盾牌座UY）

关键词：正义 可爱

来自一颗巨大的恒星：盾牌座UY；活泼可爱，有点娇气，虽然偶尔在学习上犯小迷糊，但正义感十足。

木木（木星）

关键词：爱创造 憨厚

性格憨厚，总因为抵挡不住美食诱惑而闹笑话，但对于数学难题经常有令人惊讶的新奇解法。

小明（明日之星）

关键词：智慧 乐观

充满智慧，学习能力强，总能让难题迎刃而解。精通编程算法，有很好的数学思维和逻辑思维。平时有点小骄傲。

精奇博士（地球）

关键词：博学 慈爱

行走的“百科全书”，无所不知，喜欢钻研。经常教给小朋友做人的道理和有趣的编程、数学知识。

乐乐（地球）

关键词：爱探索 爱运动

依林小镇的小学生，喜欢天文、地理；爱运动，尤其喜欢玩滑板。从小励志成为一名伟大的科学家。

目录

第1课

闰年计算器

本课学习目标

- 熟练掌握算术运算、if语句的嵌套使用
- 理解并合理运用逻辑运算符
- 熟练掌握 Python 中的取余运算
- 通过案例了解不同年份的特点及判断方法

任务探秘

闰年是为了弥补因人为历法规定所造成的年度天数和地球实际公转周期的时间差而设立的。可以补上时间差的年份为闰年。闰年共有366天，2月份为29天，凡是阳历中有闰日的年份即为闰年。闰年特点如图1.1所示。

图1.1　闰年的特点

本课任务要求使用Python制作一个可以自动判断是否为闰年的工具。该工具的使用方式比较简单，只要输入需要查询的年份，控制台将自动显示当前年份是否为闰年。

规划流程

根据任务探秘，我们知道闰年一年是366天，闰年分为世纪闰年和普通闰年。世纪闰年的年份必须是400的倍数，例如2000年就是世纪闰年；而普通闰年的年份是4的倍数，但不是100的倍数，例如2020年就是普通闰年。根据上面的任务分析规划流程如图1.2所示。

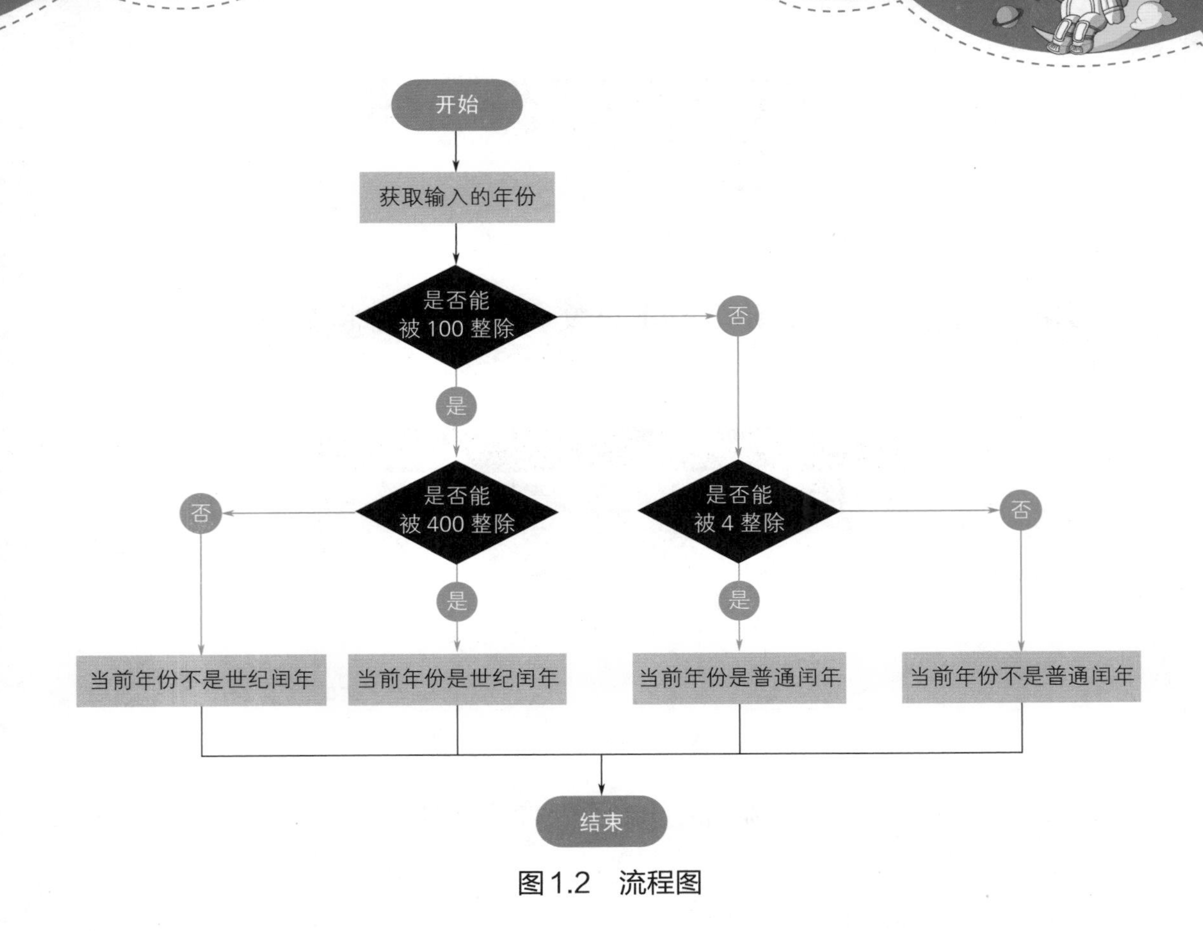

图1.2　流程图

编程实现

第1步　单击电脑桌面左下角的开始菜单■，然后在菜单中找到Python的IDLE开发工具，如图1.3所示。

第2步　打开IDLE开发工具后，在左上角依次单击“File”/“New File”创建一个新的Python文件，如图1.4所示。

图1.3　找到Python的IDLE开发工具

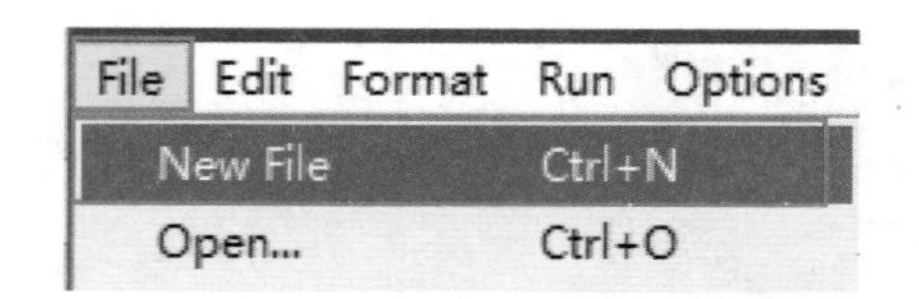

图1.4　新创建Python文件的选项

第3步　当正确打开新建Python文件的窗口时将显示如图1.5所示的窗口。

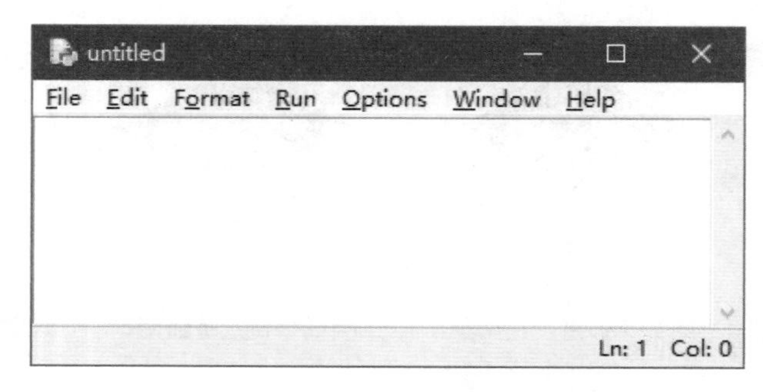

图1.5　新建Python文件的窗口

第4步　在代码编辑窗口中编写程序代码时，可参照以下步骤编写代码：

（1）使用input（）函数获取用户输入的年份，并将输入的年份由字符串类型转换为整数类型。

（2）通过if…else语句判断用户输入的年份是否为世纪年（能否被100整除）。

（3）如果是世纪年，则再使用一个if…else语句判断是否为世纪闰年（能否被400整除），如果是，则输出该年份是世纪闰年；如果不是，则输出不是世纪闰年。

（4）如果不是世纪年，则使用一个if…else语句判断是否为普通闰年（能否被4整除），如果是，则输出该年份为普通闰年；如果不是，则输出该年份不是普通闰年。

代码如下：

```
01    #闰年计算器:if else 嵌套
02    year = input('请输入需要查询的年份:')
03    #将输入年份的字符类型转换为整数类型
04    year = int(year)
```

```
05  #判断语句
06  if year % 100 == 0:          #判断世纪年
07      if year % 400 == 0:      #判断被400整除的世纪年是闰年
08          print(year,'年是世纪闰年')
09      else:
10          print(year,'年不是世纪闰年')
11  else:
12      if year % 4 == 0:        #判断被4整除的普通年是闰年
13          print(year,'年是普通闰年')
14      else:
15          print(year,'年不是普通闰年')
```

测试程序

编写完程序后，在键盘上按下<F5>键运行程序，在提示保存文件的窗口中单击“确定”按钮，如图1.6所示。

图1.6 确定保存编写的Python程序

快捷键，指的是使用键盘上某一个或某几个键的组合完成相应操作。例如，在Python的IDLE中，F5用来运行程序；Tab键用来自动补齐代码（需要输入代码的开头，否则直接按下Tab为一个缩进）；Alt+3用来注释本行代码；Alt+4用来取消注释本行代码。

单击“确定”按钮后，需要选择文件存储的位置，并为程序命名，如图1.7所示。

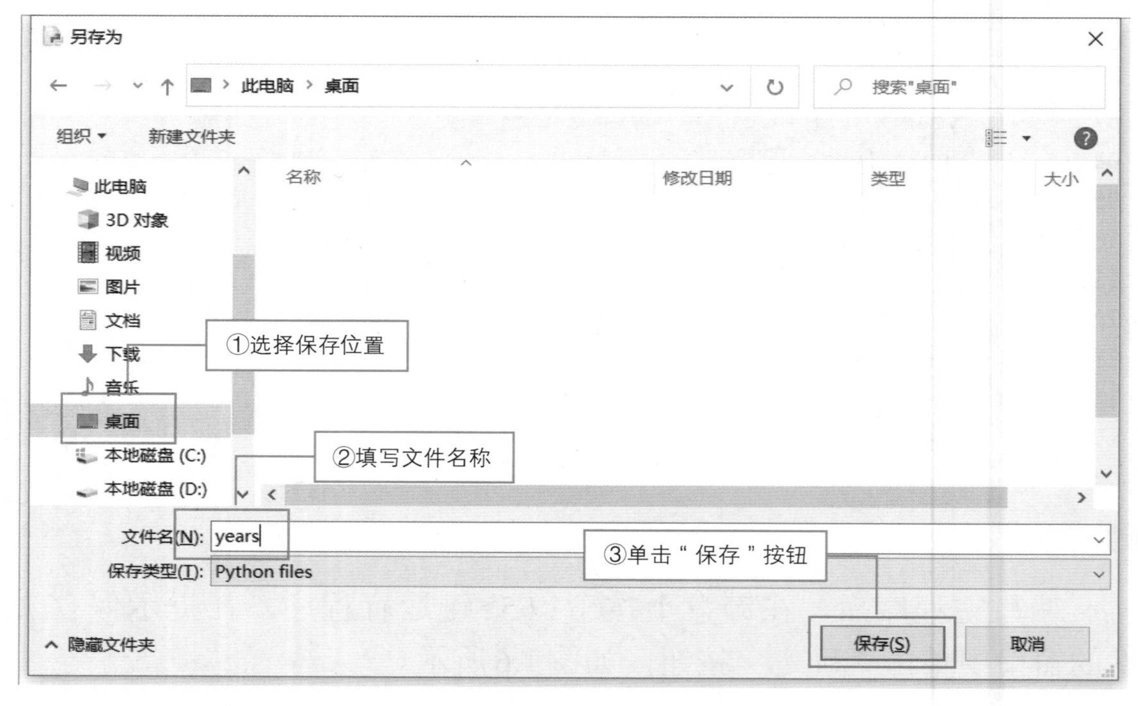

图 1.7　将刚刚编写的程序进行保存

计算机是通过硬盘来存储数据的，可以把硬盘看作是我们平时用的作业本，为了方便区分，我们将它分为不同的科目：语文、数学、英语等，计算机中的硬盘也一样，我们通常会将硬盘进行分区，在不同的分区中存放不同的数据，当需要在电脑中存储数据时，其实就是在对应的作业本中写入了内容；而当需要获得计算机中的数据时，其实就相当于在对应的作业本中进行查找，找到我们需要的作业内容即可；如果要改动计算机中的数据，相当于使用涂改液，涂改掉作业本中原来的内容，然后重新写下新的内容。

单击保存后程序运行，控制台将提示用户输入想要查询的年份，输入完成以后将显示如图 1.8 所示的运行结果。

```
闰年计算器1.0.py ============
请输入需要查询的年份：2022
2022 年不是普通闰年
```

图 1.8　查询 2022 年是否为闰年

优化程序

在上面的闰年计算器程序中虽然实现了我们所需要的功能，但是代码仍有优化的空间，经过小组研究后发现可以结合逻辑运算来减少分支if语句的嵌套（在if语句中又包含if语句）情况。优化后的代码如下：

```
01  #闰年计算器:结合逻辑运算,减少嵌套
02  year = input('请输入需要查询的年份:')
03  #year变量调用和重新赋值
04  year = int(year)
05  #判断语句
06  if year % 400 == 0:
07      print(year,'年是世纪闰年')
08  elif year % 4 == 0 and year % 100 != 0:
09      print(year,'年是普通闰年')
10  else:
11      print(year,'年不是闰年')
```

程序运行结果如图1.9所示。

```
闰年计算器2.0.py ============
请输入需要查询的年份：2020
2020 年是普通闰年
```

图1.9　查询2020年是否为闰年

观察图1.8和图1.9，我们发现在“闰年计算器”有一个1.0和2.0，这两个数字表示程序的版本号，通常在开发程序时，为了能更好地区分程序的更新程度，会以1.0、1.1、2.0、3.0类似这样的数字去标识每个版本。类似这种作用的数字，我们把它们叫作程序的版本号。

year

年、日历年、一年时间

leap year

闰年

month

月，月份

remainder

剩余部分、其余、余数

day

一天、白昼、白天

if语句的嵌套

if语句是可以进行相互嵌套的，例如在最简单的if语句中嵌套if…else语句，形式如下：

```
if 表达式1:
    if 表达式2:
        语句块1
    else:
        语句块2
```

例如，在if…else语句中嵌套if…else语句，形式如下：

```
if 表达式1:
    if 表达式2:
        语句块1
    else:
        语句块2
```

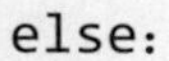

```
else:
    if 表达式3:
        语句块3
    else:
        语句块4
```

逻辑运算符

逻辑运算是对真和假两种布尔值进行运算，运算后的结果仍是一个布尔值。Python中的逻辑运算符主要包括and（与）、or（或）、not（非）。表1.1列出了逻辑运算符的用法和说明。

表1.1　逻辑运算符

运算符	含义	用法	描述
and	逻辑与	op1 and op2	与：若x，y都为True则返回True，否则返回False
or	逻辑或	op1 or op2	或：若x，y中任意一个为True，则返回True，否则返回False
not	逻辑非	not op	非：若x为True则返回False，若X为False则返回True

布尔值即布尔类型的数据，布尔类型是Python中的数据类型之一，它只包含“True”和“False”，可以将其理解为“真”（条件成立）和“假”（条件不成立）。通常使用布尔值来表示判断语句的结果，例如：1>2，结果应该为False；而2>1，结果则为True。

下面通过一个例子考一考，你学会逻辑运算符的使用了吗？如图1.10所示，小明有一把金钥匙，卡洛有一把铜钥匙，根据开启宝箱的不同要求，你知道小明可以开哪个宝箱？卡洛可以开哪个宝箱？哪个宝箱需要小明和卡洛同时打开吗？

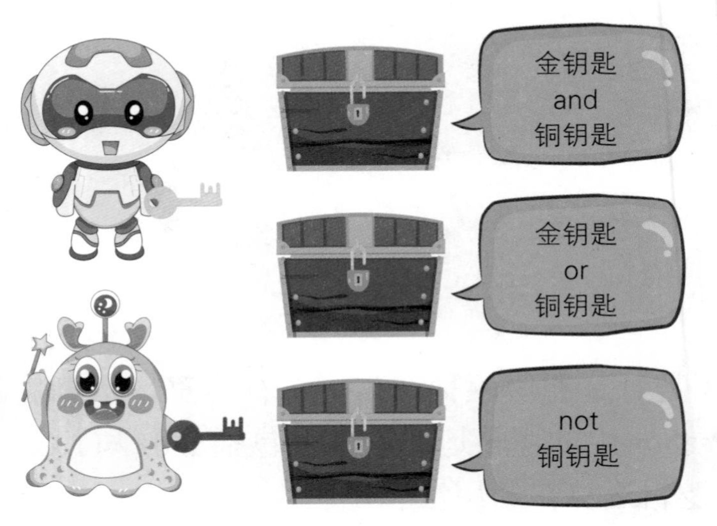

图1.10　智取宝箱图

余数与Python

余数是指整数除法中被除数未被除尽的部分，且余数的取值范围为0到除数之间（不包括除数）的整数。例如，9除以2，商为4，余数为1。图1.11展示了除法运算中的概念及规则。

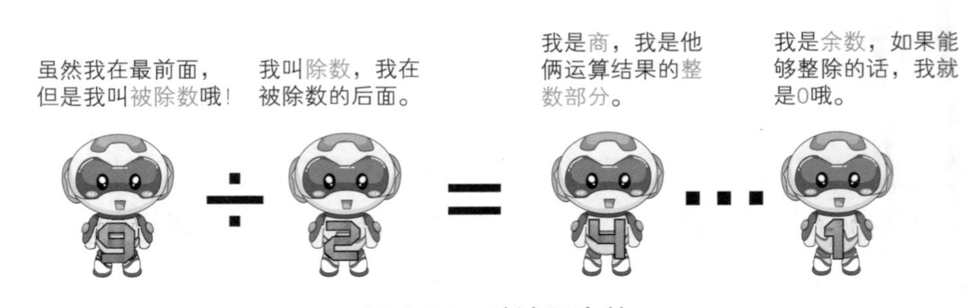

图1.11　除法取余数

在Python中，如果想要获取两个数相除的余数时，可以使用求模运算符（%）。

示例：使用Python代码求取余数：

```
01  print('9除2的余数为：',9%2)
02  print('1除2的余数为：',1%2)
03  print('可以整除的余数为：',10%2)
```

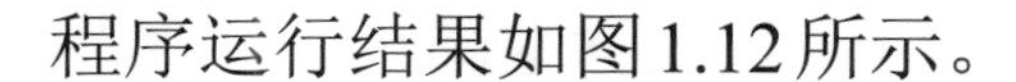

程序运行结果如图1.12所示。

```
9除2的余数为：  1
1除2的余数为：  1
可以整除的余数为：  0
```

图1.12　使用Python取余数

任务一：判断真假

请你判断下列条件是否成立，并在后方填入True或False。

条件	结果
1>3 or“明日之星”	
0 and 1	
not（1>3）	

任务二：飞行员选拔

在我国飞行员是一个要求十分严格的职业，想要报考飞行员，需要年龄在18到30岁之间，并且身高在170厘米到185厘米之间，如图1.13所示，请你编写一个程序，当用户输入年龄和身高后，输出该用户是否符合报考飞行员条件。（提示：使用逻辑运算符。）

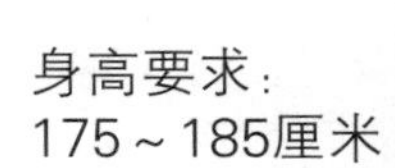

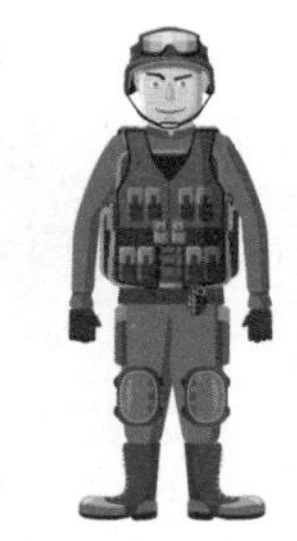

图1.13　飞行员选拔条件

知识卡片

- Python
  - 创建和保存Python文件的方法
  - if语句的嵌套使用
  - 逻辑运算符
    - 且（and）
    - 或（or）
    - 非（not）
  - Python中的求余符号（%）
- 数学
  - 不同年份的特点
    - 普通闰年——能够被4整除且不是100的倍数
    - 世纪年——能够被100整除但不能被400整除
    - 世纪闰年——能够被400整除
  - 除法运算的各个部分
    - 被除数
    - 除数（除数不能为0）
    - 商
    - 余数

质数大筛查

本课学习目标

- 了解质数与合数的特点及判断方法
- 熟练掌握 for 循环的使用
- 理解并掌握嵌套循环的使用
- 熟悉 for…else…结构的使用

扫描二维码
获取本课资源

任务探秘

：乐乐，什么是质数呢？

：一个数如果只有1和它本身两个因数，那么这样的数字叫做质数（或素数）。

本课的任务是要使用Python制作一个可以自动筛查质数（素数）的程序，只要我们通过控制台输入任意一个数字，程序将自动判断当前用户输入的数字是否为质数。程序运行效果如图2.1所示。

```
请输入数字:101
101 是质数
```

图2.1　本课任务

规划流程

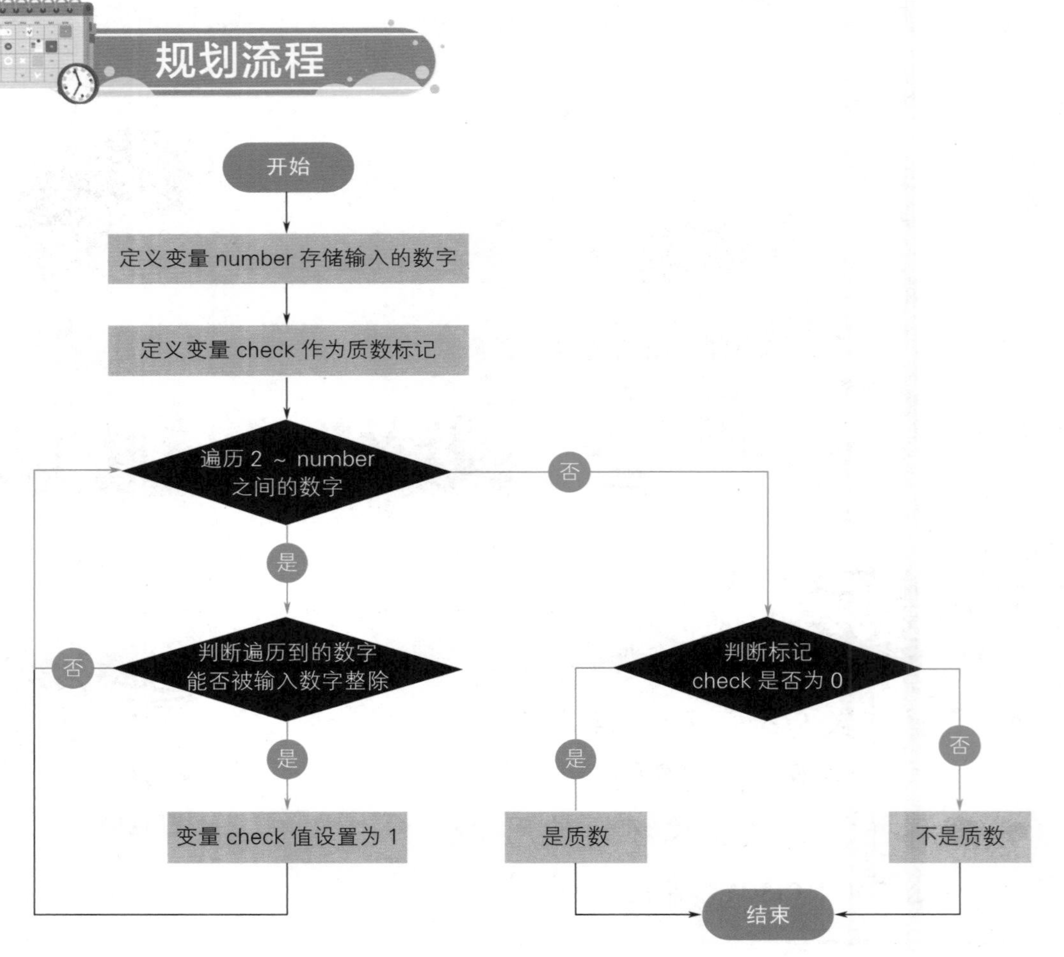

图2.2　流程图

根据任务探秘，判断某个数字是不是质数，我们可以用最简单的办法来实现，比如用一个数一直除比它小的数字，看看能不能整除。例如数字7，我们从它的前一个数6，一直除到2，都没有除尽，所以7就是质数。根据上面的任务分析规划流程，如图2.2所示。

数字1不是质数；“遍历”，表示依次将某个范围内的内容都访问一次。

编程实现

创建一个Python文件，在该文件中，按以下步骤编写代码：

第1步 通过input( )函数输入要判断的数字，并使用一个变量记录。

第2步 创建一个标志，用于区分判断后的结果是不是质数（默认是质数）。

第3步 使用for循环遍历2 ～ number（用户输入的数字）范围数字（用i代表），并依次判断这个数字i是否能被number整除。

第4步 如果可以整除说明用户输入的数字不是质数，反之，则代表用户输入的数字为质数。

代码如下：

```
01  #用for循环判断是否为质数
02  number = int(input('请输入数字:'))     #输入需要判断的数字(大于1的整数)
03  check = 0                              #设置一个标志,默认这个数字为质数
04  for i in range(2,number):              #让i一直从2增加到该数字的上一位数
05      if number % i == 0:                #判断i是否能被number整除
06          check = 1                      #如果能则设置check为1
07  if check == 0:                         #如果最后check依然为0
08      print(number,'是质数')             #输出该数字为质数
09  else:
10      print(number,'不是质数')           #否则输出该数字不是质数
```

测试程序

```
请输入数字:101
101 是质数
```

图2.3 查询101是否为质数

运行程序，控制台将提示用户输入一个数字，输入完成后按下回车键（Enter），将显示如图2.3所示的运行结果。

优化程序

因为上面的程序只能判断一个固定数字是否为质数，所以我们来升级一下这个程序，让用户可以获取一个起始数～终止数字范围内的所有质数。步骤如下：

第1步 使用input()函数分别获取用户输入的起始数和终止数。

第2步 使用for循环嵌套及for…else…语句筛选出所有质数并打印出来。

代码如下：

```
01  #搜索一定范围内的所有质数
02  start = int(input('请输入起始数:'))     #输入起始数
03  end = int(input('请输入终止数:'))       #输入终止数(终止数必须大于起始数)
04  for i in range(start,end + 1):         #让变量i从起始数一直增加到终止数
05      for j in range(2,i):               #让变量j从2一直加到i的上一位数字
06          if i % j == 0:                 #如果i能被j整除,就退出内部循环
07              break
08      else:
09          print(i)                   #如果i直到循环结束都不能被j整除,就输出i
```

优化后的程序运行结果如图2.4所示。

```
请输入起始数: 2
请输入终止数: 20
2
3
5
7
11
13
17
19
```

图2.4 筛选2～20之间所有质数

小知识

打印通常是指通过打印设备将文字或者图片等内容打印到纸张上，而这里的打印是指将程序中的数据或者结果输出显示到计算机屏幕上。

100以内质数									
1	2	3	4	5	6	7	8	9	10
11	12	13	14	15	16	17	18	19	20
21	22	23	24	25	26	27	28	29	30
31	32	33	34	35	36	37	38	39	40
41	42	43	44	45	46	47	48	49	50
51	52	53	54	55	56	57	58	59	60
61	62	63	64	65	66	67	68	69	70
71	72	73	74	75	76	77	78	79	80
81	82	83	84	85	86	87	88	89	90
91	92	93	94	95	96	97	98	99	100

图2.5 100以内的质数

说明

同学们可以使用优化后的程序，测试一下100以内的质数都有哪些，筛选后可以与图2.5核对。

学习秘籍

英语角

number

数字、编号、电话号码

start

开始、开动、创立

check

检查、审查、查看

end

末尾、结束、结局

嵌套循环的妙用

Python中，允许在一个循环体中嵌入另一个循环，这称为嵌套循环。例如，在电影院找座位号，需要知道第几排第几列才能准确地找到自己的座位号。假如寻找如图2.6所示的第2排第3列座位号，首先寻找第2排，然后在第2排再寻找第3列，这个寻找座位的过程就类似循环嵌套。

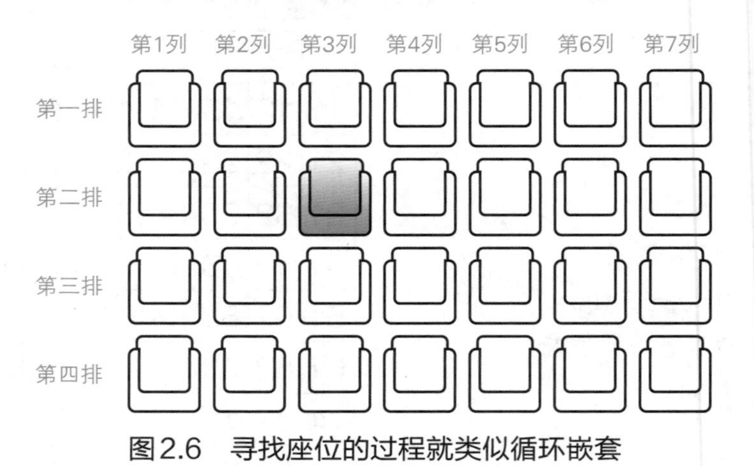

图2.6　寻找座位的过程就类似循环嵌套

在for循环中套用for循环的格式如下：

```
for 迭代变量1 in 对象1:
    for 迭代变量2 in 对象2:
        循环体2
    循环体1
```

假如，我们要设计一个“炮弹打气球”游戏，如图2.7所示，一次出现6个气球，每隔一段时间出一次，一共出现3次，这种情况下，我们就可以使用嵌套循环。外层的循环需要循环执行3次，每次6个气球作为内部循环。

图2.7　炮弹打气球游戏

例如，本课任务在优化检测某个范围内的所有质数时，就可以使用嵌套的for循环实现，代码如下：

```
01  for i in range(start,end + 1):  #让变量i从起始数一直增加到终止数
02      for j in range(2,i):        #让变量j从2一直增加到i的上一位数字
03          if i % j == 0:          #如果i能被j整除，就退出内部循环
04              break
05      else:
06          print(i)                #如果i直到循环结束都不能被j整除，就输出i
```

for…else的使用

不管使用哪种编程语言，我们都会写“if…else”语句，但并没有在for后面使用else语句，比如，在C、C++、Java等编程语言中，如果在循环之后使用else，是完全错误的；而在Python中，else却可以跟循环一起使用，表示只有在循环中没有中断时（即不是通过break退出），才会执行else块。

例如，对比下面两段代码的执行结果：

```
01 for i in np.arange(5):
02   print(i)
03 else:
04   print("hello")
```

运行结果：

```
0
1
2
3
4
hello
```

```
01 import numpy as np
02 for i in np.arange(5):
03     print(i)
04     if (i == 3):
05         break
06 else:
07     print("hello")
```

运行结果：

```
0
1
2
3
```

对比上面两段代码及其运行结果，我们发现：如果for循环正常结束，else中语句执行；如果是通过break退出的，则不执行else。

任务一：打印直角三角形

木木想使用Python程序打印一个如图2.8所示的直角三角形，请你利用本节课所学知识来帮助他完成这个任务吧。

```
*
* *
* * *
* * * *
* * * * *
```

图2.8　使用Python打印直角三角形

任务二：经典九九乘法表

九九乘法表是数学中的乘法口诀，别名九九歌。现在请你使用本课所学的嵌套循环知识，打印一个简易的九九乘法表吧！（如图2.9所示，格式可以自定。）

1×1=1								
1×2=2	2×2=4							
1×3=3	2×3=6	3×3=9						
1×4=4	2×4=8	3×4=12	4×4=16					
1×5=5	2×5=10	3×5=15	4×5=20	5×5=25				
1×6=6	2×6=12	3×6=18	4×6=24	5×6=30	6×6=36			
1×7=7	2×7=14	3×7=21	4×7=28	5×7=35	6×7=42	7×7=49		
1×8=8	2×8=16	3×8=24	4×8=32	5×8=40	6×8=48	7×8=56	8×8=64	
1×9=9	2×9=18	3×9=27	4×9=36	5×9=45	6×9=54	7×9=63	8×9=72	9×9=81

图2.9　使用Python打印九九乘法表

知识卡片

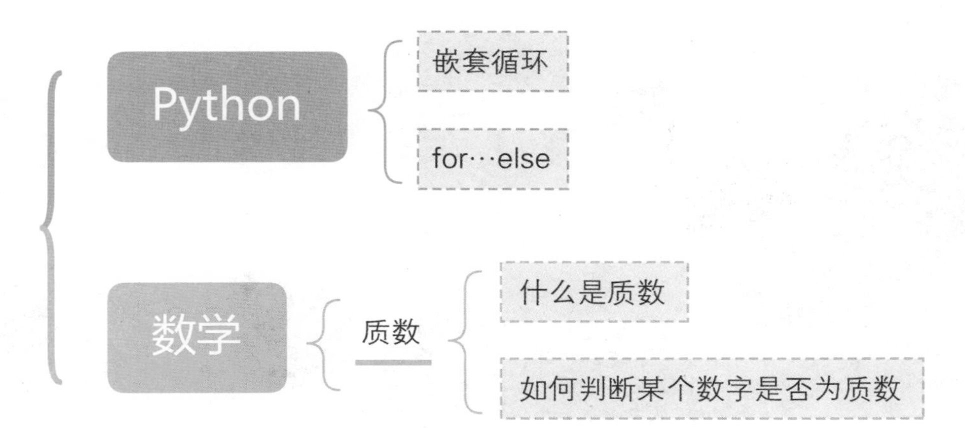
Python
嵌套循环
for···else
数学
质数
什么是质数
如何判断某个数字是否为质数

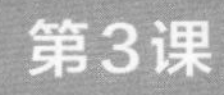

神奇的三色球

本课学习目标

- 了解枚举算法的特点及运用
- 掌握列表的创建及使用方法
- 熟悉列表的遍历操作

扫描二维码
获取本课资源

任务探秘

在一个口袋中放有12个球，其中包含3个红球、3个白球和6个黑球。如果从袋子中随意取出8个球，一共有多少种不同颜色球的搭配方案呢？请使用Python设计程序，快速完成3种颜色球的搭配方案，如表3.1所示。

表3.1　3种颜色球的搭配方案

红球	白球	黑球
0	2	6
0	3	5
1	1	6
1	2	5
1	3	4
2	0	6
2	1	5
2	2	4
2	3	3
3	0	5
3	1	4
3	2	3
3	3	2

规划流程

根据任务探秘可以得到一个前提条件：红球和白球最少可以为0个，最多可以为3个，因此黑球最少需要2个，最多可以有6个，如果红球、白球、黑球组合后的数量刚好是8个，此时就是一套完美的搭配方案，这可以通过Python中的循环语句进行不断搭配尝试，如果满足以上分析的结论，便可以打印当前的三色球搭配方案。根据上面的任务分析规划流程，如图3.1所示。

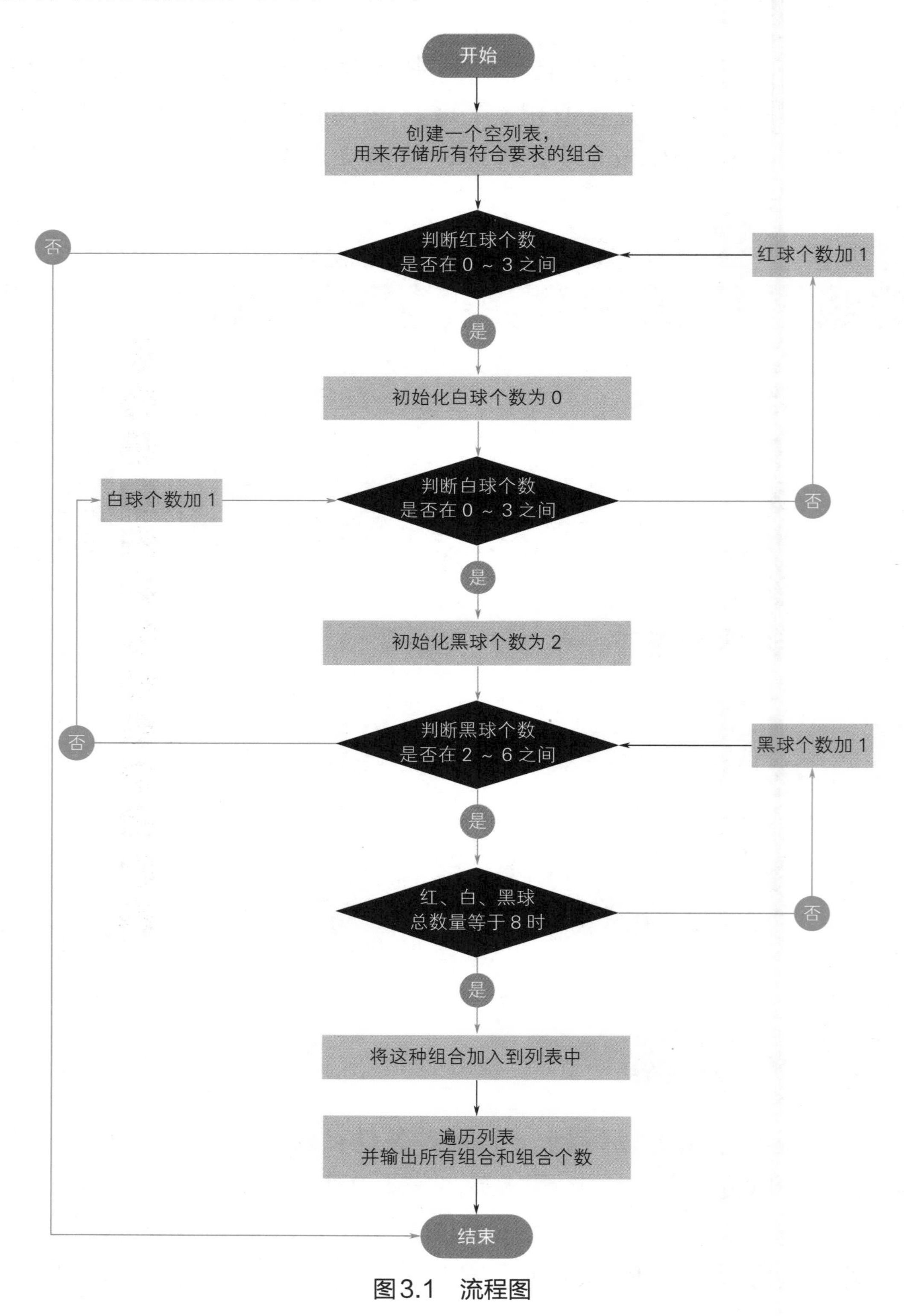

图3.1　流程图

编程实现

创建一个Python文件，在该文件中，按以下步骤编写代码：

第1步 创建一个空列表，用于存储颜色搭配的数据。

第2步 使用for循环嵌套，第一层用于遍历红球的数量，范围是0～3；第二层用于遍历白球的数量，范围是0～3；第三层用于遍历黑球的数量，范围是2～6（因为一共拿出8个球，所以黑球至少2个）。

第3步 在第三层for循环中判断红色、白色、黑色这3种颜色球相加的数量是否等于8，如果等于8，将这一组颜色搭配的数据添加至列表当中；最后在循环外打印最终结果即可。

代码如下：

```
01  situations =[]                    #创建一个空列表用于存储所有情况
02  for red in range(0,4):            #红球最少可以没有，最多只能有3个，所以红球
                                       range的范围是(0,4)
03      for white in range(0,4):      #白球最少可以没有，最多只能有3个，所以白球
                                       range的范围是(0,4)
04          #黑球最起码要有2个，最多只能有6个，所以黑球的range范围是(2,7)
05          for black in range(2,7):
06              if red + white + black == 8: #如果红球加白球加黑球的个数刚好等
                                               于8
07                  #先将数据转换为字符串并进行拼接，然后将符合情况的三色球个数添
                     加到列表中
08                  situations.append(str(red)+str(white)+str(black))
09  #使用len查看列表的长度(即共有多少种颜色搭配)
10  print("一共有",len(situations),"种颜色搭配，具体搭配如下：")
11  print(situations)                 #打印列表situations查看所有情况
```

测试程序

运行程序将自动显示如图3.2所示的运行结果。

```
一共有 13 种颜色搭配，具体搭配如下
['026', '035', '116', '125', '134', '206',
'215', '224', '233', '305', '314', '323',
'332']
```

图3.2 打印颜色搭配方案

优化程序

：乐乐，虽然现在结果出来了，但是结果看起来不是很直观哦。

：放心木木，可以通过for循环嵌套的方式将列表中的数据遍历出来，并标注每组颜色的数据位置。

代码如下：

```
01  situations =[]                    #创建一个空列表用于存储所有情况
02  for red in range(0,4):            #红球最少可以没有，最多只能有3个，所以红
                                       球range的范围是(0,4)
03      for white in range(0,4):      #白球最少可以没有，最多只能有3个，所以白
                                       球range的范围是(0,4)
04          #黑球最起码要有2个，最多只能有6个，所以黑球的range范围是(2,7)
05          for black in range(2,7):
06              if red + white + black == 8: #如果红球加白球加黑球的个数刚好等
                                              于8
07                  #先将数据转换为字符串并进行拼接，然后将符合情况的三色球个数添
                     加到列表中
08                  situations.append(str(red)+str(white)+str(black))
09  #使用len()查看列表的长度(即共有多少种颜色搭配)
10  print("一共有",len(situations),"种颜色搭配，具体搭配如下：")
11  print('红','白','黑')              #三色分类
12  for i in situations:              #遍历列表
13      for j in i:                   #遍历列表中的数字
14          print(j,end=' ')          #根据颜色分类位置打印对应数值
15      print()                       #实现换行
```

优化后的程序运行结果如图3.3所示。

```
一共有 13 种颜色搭配，具体搭配如下：
红 白 黑
0  2  6
0  3  5
1  1  6
1  2  5
1  3  4
2  0  6
2  1  5
2  2  4
2  3  3
3  0  5
3  1  4
3  2  3
3  3  2
```

图3.3　打印优化后的颜色搭配方案

list 列表、清单	**black** 黑色的、黑的、黑色人种
red 红的、红色的	**situations** 状况、情况、局面（situation的复数形式）
white 白的、白色的、白种人	**append** 附加、增补

创建列表

我们在去超市购物前，通常都会列一张需要采购的清单，然后按照清单采购物品，如图3.4所示。Python提供了列表（list），它类似于清单，可以同时放入多种类型的数据。在形式上，列表的所有元素都放在一对中括号“[]”中，两个相

图3.4　生活中的列表

邻元素间使用逗号“,”分隔。

Python提供了多种创建列表的方法，下面分别进行介绍。

（1）使用赋值运算符直接创建列表

同其他类型的Python变量一样，创建列表时，也可以使用赋值运算符“=”，语法格式如下：

```
listname =[element1,element2,element3,…,elementn]
```

其中，listname表示列表的名称，可以是任何符合Python命名规则的标识符；elemnet1、elemnet2、elemnet3、elemnetn表示列表中的元素，个数没有限制，并且只要是Python支持的数据类型就可以。

例如，下面定义的都是合法的列表：

```
01  num =[7,14,21,28,35,42,49,56,63]
02  verse =["自古逢秋悲寂寥","我言秋日胜春朝","晴空一鹤排云上",
"便引诗情到碧霄"]
03  untitle =['Python',28,"人生苦短，我用Python",[10,20,30,40]]
```

在使用列表时，虽然可以将不同类型的数据放入到同一个列表中，但是通常情况下，我们不这样做，而是在一个列表中只放入一种类型的数据，这样可以提高程序的可读性。

（2）创建空列表

在Python中可以直接使用“[]”创建空列表，例如，要创建一个名称为emptylist的空列表，可以使用下面的代码：

```
emptylist =[]
```

（3）创建数值列表

在Python中，数值列表很常用。例如，在考试系统中记录学生的成绩，或者在游戏中记录每个角色的位置、各个玩家的得分情况等。在Python中，可以使用list()函数直接将range()函数循环出来的结果转换为列表。

list()函数的基本语法如下：

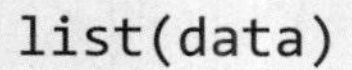

```
list(data)
```

其中，data表示可以转换为列表的数据，其类型可以是range对象、字符串、元组或者其他可迭代类型的数据。

例如，创建一个10～20之间（不包括20）所用偶数的列表，可以使用下面的代码。

```
list(range(10,20,2))
```

运行上面的代码后，将得到下面的列表。

```
[10,12,14,16,18]
```

遍历列表

遍历列表中的所有元素是常用的一种操作，在遍历过程中可以完成查询、处理等功能。在生活中，如果想要去商场买一件衣服，就需要在商场中逛一遍，看是否有想要的衣服，逛商场的过程就相当于列表的遍历操作。假如，卡洛想要去小餐馆吃饭时，必须从街头逛到小餐馆处，这个过程就是遍历，如图3.5所示。

图3.5　生活中的遍历

在Python中遍历列表的方法有多种，下面介绍一种比较常用的方法。

直接使用for循环遍历列表，可以输出元素的值。它的语法格式如下：

```
for item in listname:                #遍历listname
    print(item)                      #输出listname中的每个元素
```

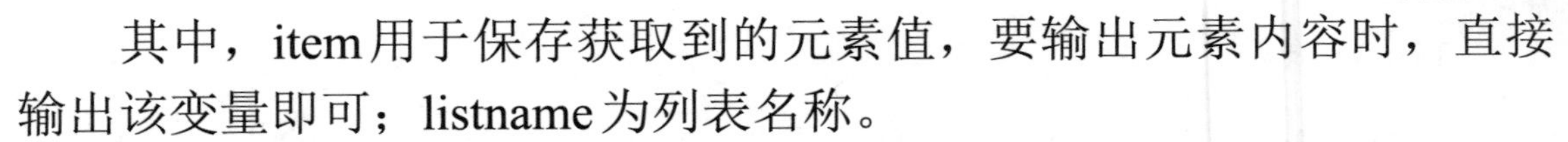

其中，item用于保存获取到的元素值，要输出元素内容时，直接输出该变量即可；listname为列表名称。

例如，定义一个保存中国四大名著的列表，然后通过for循环遍历该列表，并依次输出每本书的名称，代码如下：

```
01  print("中国四大名著:")
02  team =["西游记","红楼梦","三国演义","水浒传"]
03  for item in team:
04      print(item)
```

程序运行结果如图3.6所示。

```
中国四大名著:
西游记
红楼梦
三国演义
水浒传
```

图3.6　输出四大名著

枚举算法

本课的任务是在计算有多少种不同颜色球的搭配方案时，主要使用枚举法。枚举就是将所有可能的答案一一列举，然后根据条件判断此答案是否符合条件，符合就保留，不符合就丢弃。

分类有序是枚举算法的特点，有了顺序才能保证不重不漏。枚举算法的优缺点如下：

☑ 优点：算法简单，在局部地方使用枚举法，效果十分地好。

☑ 缺点：运算量过大，当需要计算的量比较大时，循环的阶数越大，执行速度越慢。

例如，有三兄弟吃包子，老大吃得最多，每次能吃5个，老二每次能吃3个，老三最小，每次只能吃一个，如图3.7所示，现在一共有20个包子，按照每人都需要吃到的情况下，一共有多少种分配方式呢？

图3.7　三兄弟吃包子

如果使用枚举（分类有序）的方式，可以参考如图3.8所示的方法进行分配。

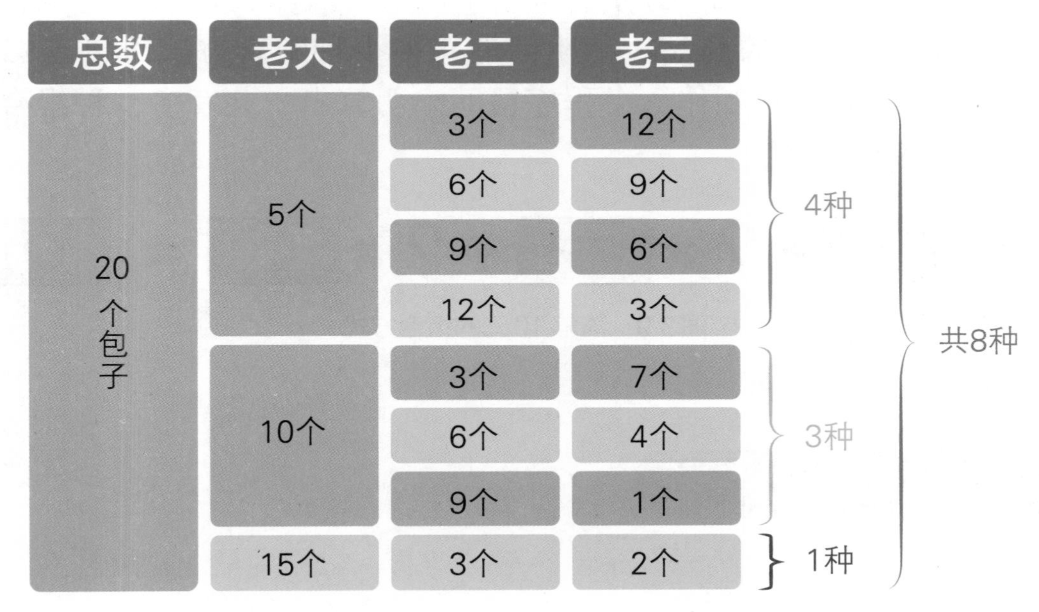

总数	老大	老二	老三		
20个包子	5个	3个	12个	4种	共8种
		6个	9个		
		9个	6个		
		12个	3个		
	10个	3个	7个	3种	
		6个	4个		
		9个	1个		
	15个	3个	2个	1种	

图3.8　枚举（分类有序）分配方式

任务一：枚举解题

对于排列组合问题，枚举算法简单易懂，但是写起来却很复杂。现在有这样一道题目：有四个数字1、2、3、4，请你使用这四个数字组成一个四位数，要求不出现重复的数字，一共有多少种组合？请你

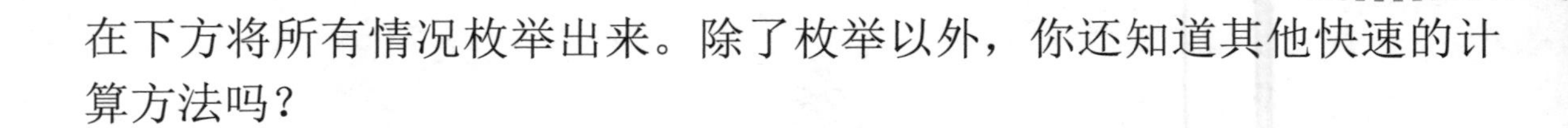

在下方将所有情况枚举出来。除了枚举以外，你还知道其他快速的计算方法吗？

任务二：零钱凑整

小明有一些零用钱，分别有面值1元、2元、5元的钱币，现在想要买一个价值10元的商品，小明问能有多少种组合方式可以凑够10元钱呢？使用Python制作一个程序帮助小明算出一共有多少种组合方式，如图3.9所示。

图3.9　凑够10元的组合方式

知识卡片

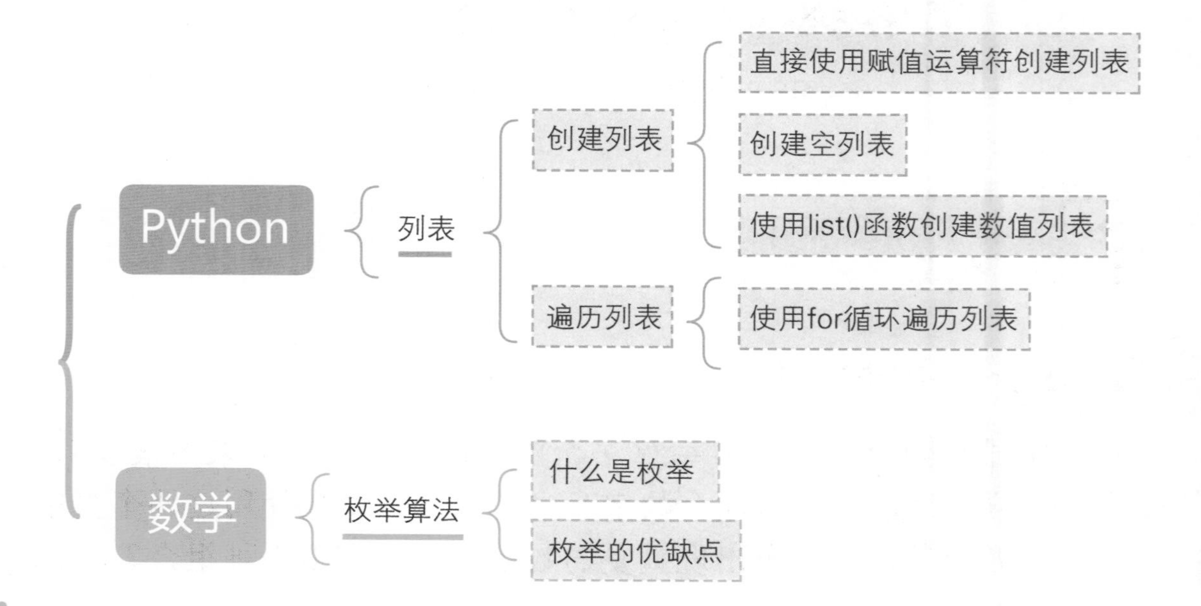

第4课

智能筛选

本课学习目标

- 熟悉 Python 中集合的创建和使用
- 区分数学和 Python 中的集合运算
- 使用差集、并集、交集等解决集合问题

扫描二维码
获取本课资源

老师给卡洛布置了一项作业：学校新开设两门选修课，分别是编程课和艺术课，同学们都踊跃报名，有一部分同学既参加了编程课，又参加了艺术课。请使用Python设计一个可以快速找出同时选择这两门选修课的同学。所有参加选修课的同学名单如图4.1所示。

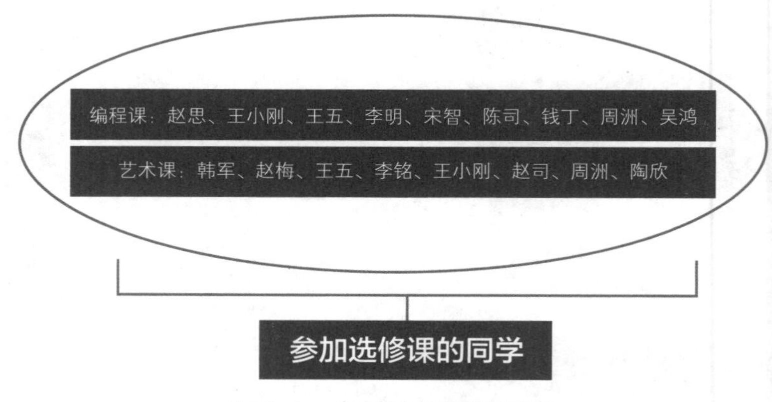

图4.1　参加选修课的同学

根据任务探秘，在此次找出同时选择两门选修课的任务中，可以利用数学中的集合来解决问题，两门课程都参与的同学就是集合中的“交集”。根据上面的分析可以得出如图4.2所示的流程图。

编程实现

创建一个Python文件，在该文件中，按以下步骤编写代码：

第1步　创建一个空列表，用于存储两门选修课都参与的同学姓名。

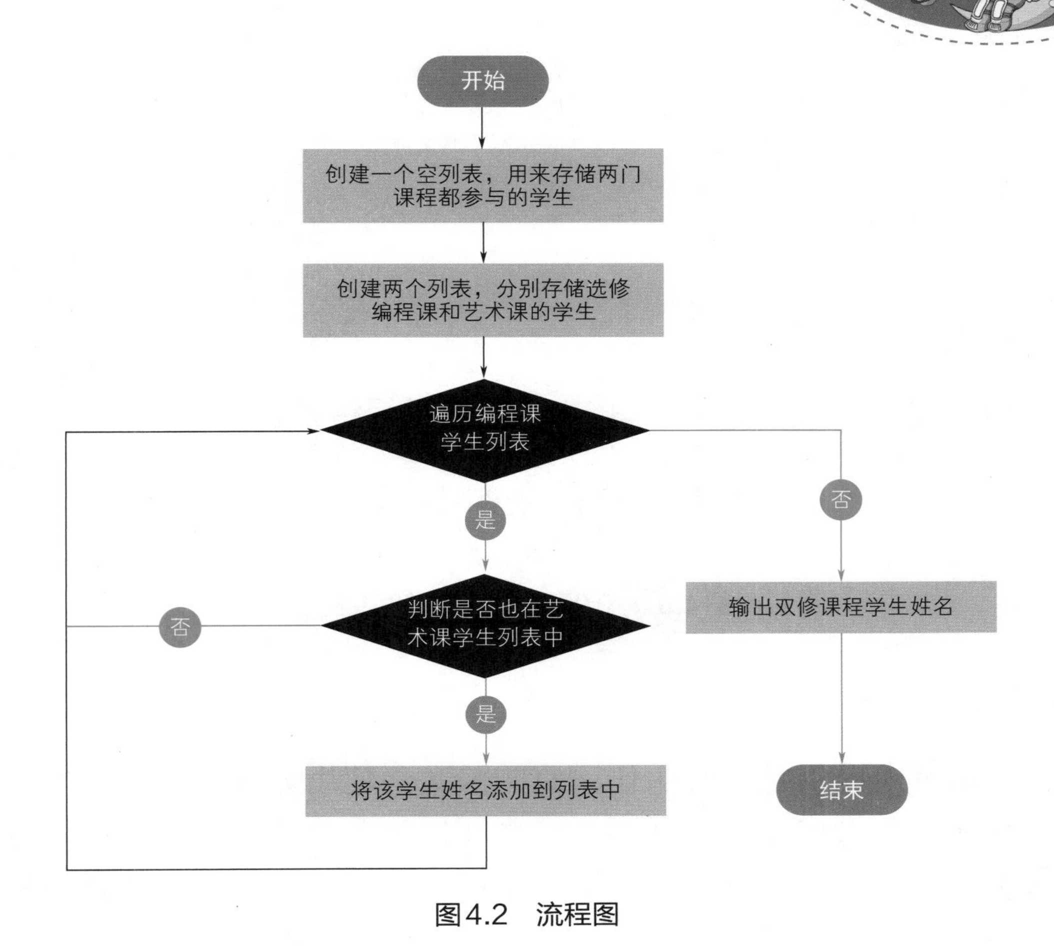

图4.2　流程图

第2步　创建两个列表，分别用于存储选修编程课和艺术课的学生姓名。

第3步　通过for循环遍历选修编程课每个学生的姓名，如果某个学生姓名同时存在于艺术课的姓名列表中，就将这名同学的姓名添加至双修课程学生的列表中。

代码如下：

```
01  both =[]                         #设置一个空列表用来存储双修课程的同学
02  #编程课学生
03  program =["赵思","王小刚","王五","李明","宋智","陈司","钱丁",
    "周洲","吴鸿"]
04  #艺术课学生
05  art =["韩军","赵梅","王五","李铭","王小刚","赵司","周洲","陶欣"]
06  for c in program:                #遍历编程课学生列表
```

```
07      if c in art:                   #如果在遍历的过程中,c在艺术课学生列表中
08          both.append(c)             #那么将c添加到双修课程学生列表中
09  print('双修课程的学生如下:')
10  print(both)                        #输出双修课程学生的列表
```

测试程序

运行程序将自动显示如图4.3所示的运行结果。

```
双修课程的学生如下:
['王小刚', '王五', '周洲']
```

图4.3　打印双修课程的学生姓名

优化程序

Python中提供了一个叫作set()的函数，使用该函数可以非常轻松地获取两个集合中相同的数据，这个相同的数据叫作交集数据，也就是我们要找的双修课程同学。所以使用这个函数可以更加快速地帮我们找出两组同学中的双修课程同学。优化后代码如下：

```
01  #编程课学生
02  program =["赵思","王小刚","王五","李明","宋智","陈司","钱丁",
    "周洲","吴鸿"]
03  #艺术课学生
04  art =["韩军","赵梅","王五","李铭","王小刚","赵司","周洲","陶欣"]
05  program = set(program)                 #将列表program转换集合
06  art = set(art)                         #将列表art转换集合
07  print('使用集合方式获取的双修课程学生如下:')
08  print(program & art)                   #使用&输出program与art的交集,输出双
                                            修课程的学生
09  print(program.intersection(art))       #使用intersection方法输出program与
                                            art的交集
```

程序运行结果如图4.4所示。

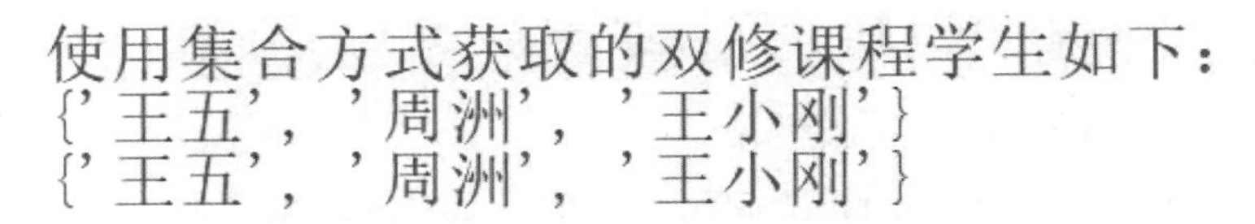

图4.4　使用集合方式获取双修课程的学生姓名

program

程序、计划、编写程序

both

双方、两者

art

美术、艺术

set

放、置、设置

Python中的集合

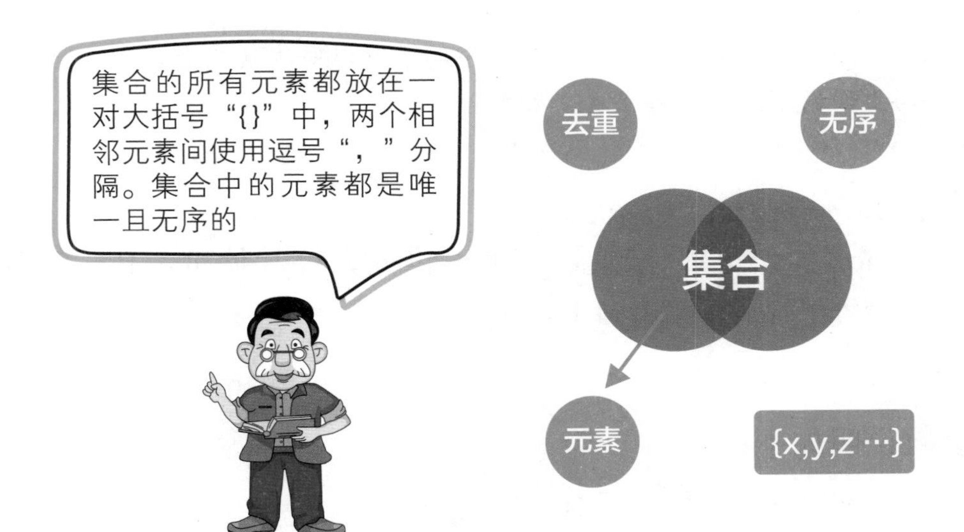

图4.5　什么是集合

在Python中提供了两种创建集合（图4.5）的方法：一种是直接使用{}创建；另一种是通过set( )函数将列表、元组等可迭代对象转换为集合。推荐使用第二种方法。下面分别进行介绍。

方法1 直接使用{}创建

在Python中，set集合可以直接使用大括号“{}”创建。语法格式如下：

```
setname = {element1,element2,element3,…,elementn}
```

其中，setname表示集合的名称，可以是任何符合Python命名规则的标识符；elemnet1、elemnet2、elemnet3……elemnetn表示集合中的元素，个数没有限制，并且只要是Python支持的数据类型就可以。

例如，下面的每一行代码都可以创建一个集合：

```
01  set1 = {3,1,4,1,5,9,2,6}
02  set2 = {'Python',28,('人生苦短','我用Python')}
```

上面的代码将创建以下集合：

```
{1,2,3,4,5,6,9}
{'Python',('人生苦短','我用Python'),28}
```

说明

由于Python中的set集合是没有顺序的，所以每次输出时，元素的排列顺序可能与上面的不同，不必在意。

方法2 使用set( )函数创建

在Python中，可以使用set( )函数将列表等其他可迭代对象转换为集合。set函数的语法格式如下：

```
setname = set(iteration)
```

参数说明如下：

☑ setname：表示集合名称；

☑ iteration：表示要转换为集合的可迭代对象，可以是列表、元组、range对象等。另外，也可以是字符串，如果是字符串，返回的集合将是包含全部不重复字符的集合。

例如，下面的每一行代码都可以创建一个集合：

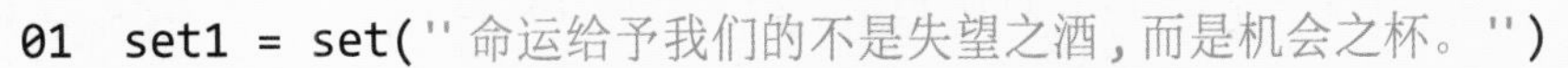

```
01  set1 = set("命运给予我们的不是失望之酒，而是机会之杯。")
02  set2 = set([1.414,1.732,3.14159,2.236])
03  set3 = set(('人生苦短','我用Python'))
```

上面的代码将创建以下集合：

```
{'不', '的', '望', '是', '给', '，', '我', '。', '酒', '会', '杯', '运', '们', '予', '而', '失', '机', '命', '之'}
{1.414, 2.236, 3.14159, 1.732}
{'人生苦短', '我用Python'}
```

从上面创建的集合结果中可以看出，在创建集合时，如果出现了重复元素，将只保留一个，如在第一个集合中的“是”和“之”都只保留了一个。

说明

在创建空集合时，只能使用set()实现，而不能使用一对大括号“{}”实现，这是因为在Python中，直接使用一对大括号“{}”表示创建一个空字典。

数学中的集合运算

使用集合时最常用的3种运算方式分别是交集、并集、差集，下面分别介绍。

设A（编程课学生）、B（艺术课学生）是两个集合，由既属于集合A又属于集合B的所有元素组成的集合，叫作A与B的交集（双修课程学生），如图4.6所示。

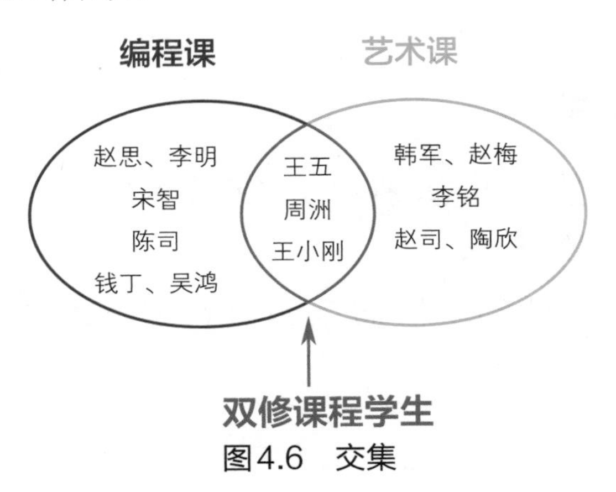

图4.6　交集

由属于集合A或属于集合B的所有元素组成的集合，叫做A与B的并集（报名选修课程的全部学生），读作“A并B”，如图4.7所示。

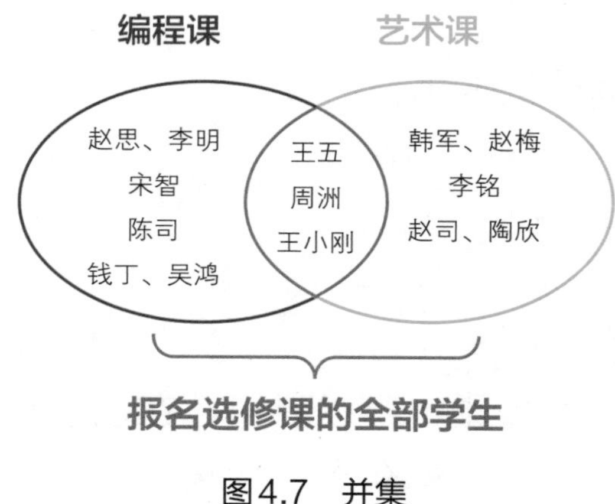

图4.7 并集

由所有属于A且不属于B的元素构成的集合，叫作A与B的差集（报名编程课的学生不包含双修课程学生），如图4.8所示。

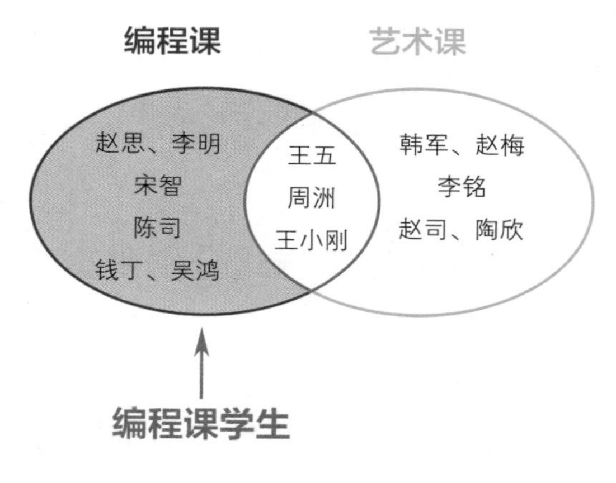

图4.8 差集

Python中的集合运算

Python中集合的交集运算使用符号“&”，并集运算使用符号“|”，差集运算使用符号“-”。

下面通过一个具体的实例演示如何对集合进行交集、并集和差集运算。代码如下：

```
01  pf =['邓肯','加内特','马龙']
02  pf = set(pf)                             #保存大前锋位置的球员名字
03  print('大前锋位置的球员有:',pf,'\n')     #输出大前锋的球员名字
04  cf =['邓肯','奥尼尔','姚明']
05  cf = set(cf)                             #保存中锋位置的球员名字
06  print('中锋位置的球员有:',cf,'\n')       #输出中锋的球员名字
07  print('交集运算:',pf & cf)               #输出既是大前锋又是中锋的球员名字
08  print('并集运算:',pf | cf)               #输出大前锋和中锋的全部球员名字
09  print('差集运算:',pf - cf)               #输出是大前锋但不是中锋的球员名字
```

运行上面代码，效果如图4.9所示。

```
大前锋位置的球员有： {'加内特', '邓肯', '马龙'}

中锋位置的球员有： {'奥尼尔', '姚明', '邓肯'}

交集运算： {'邓肯'}
并集运算： {'邓肯', '奥尼尔', '加内特', '姚明', '马龙'}
差集运算： {'加内特', '马龙'}
```

图4.9　对球员集合进行交集、并集和差集运算

任务一：分辨集合

木木为了快速记住集合的知识，于是决定用涂抹阴影的方式来区分不同的集合，请你帮助木木，根据要求在图4.10中涂抹相应的阴影部分。

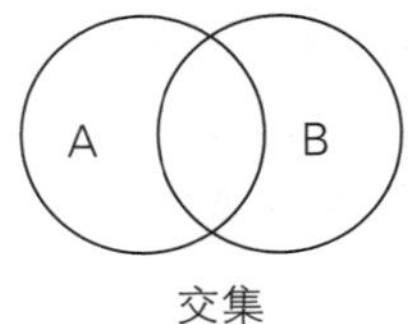

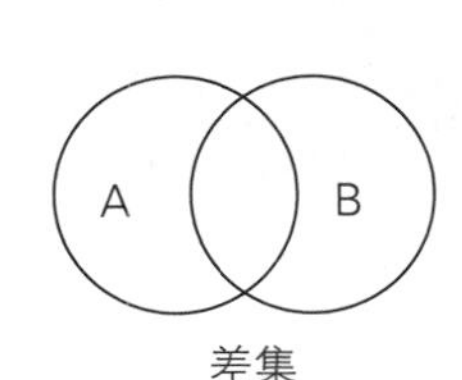

A　B

差集

图4.10　交集、并集、差集

任务二：运动健将

学校现在要举行体育运动会，现有跳绳和踢毽子两个项目，同学们加入了不同的体育项目，但是有人既参加了跳绳又参加了踢毽子项目。图4.11是参加项目的学生名单。请你使用Python程序统计参加了两项比赛的共有多少人。

跳绳	赵思	周洲	钱丁	宋智	王五	韩军	陶欣
踢毽子	赵梅	王五	李明	赵思	周洲	吴鸿	王小刚

图4.11　参加比赛学生名单

知识卡片

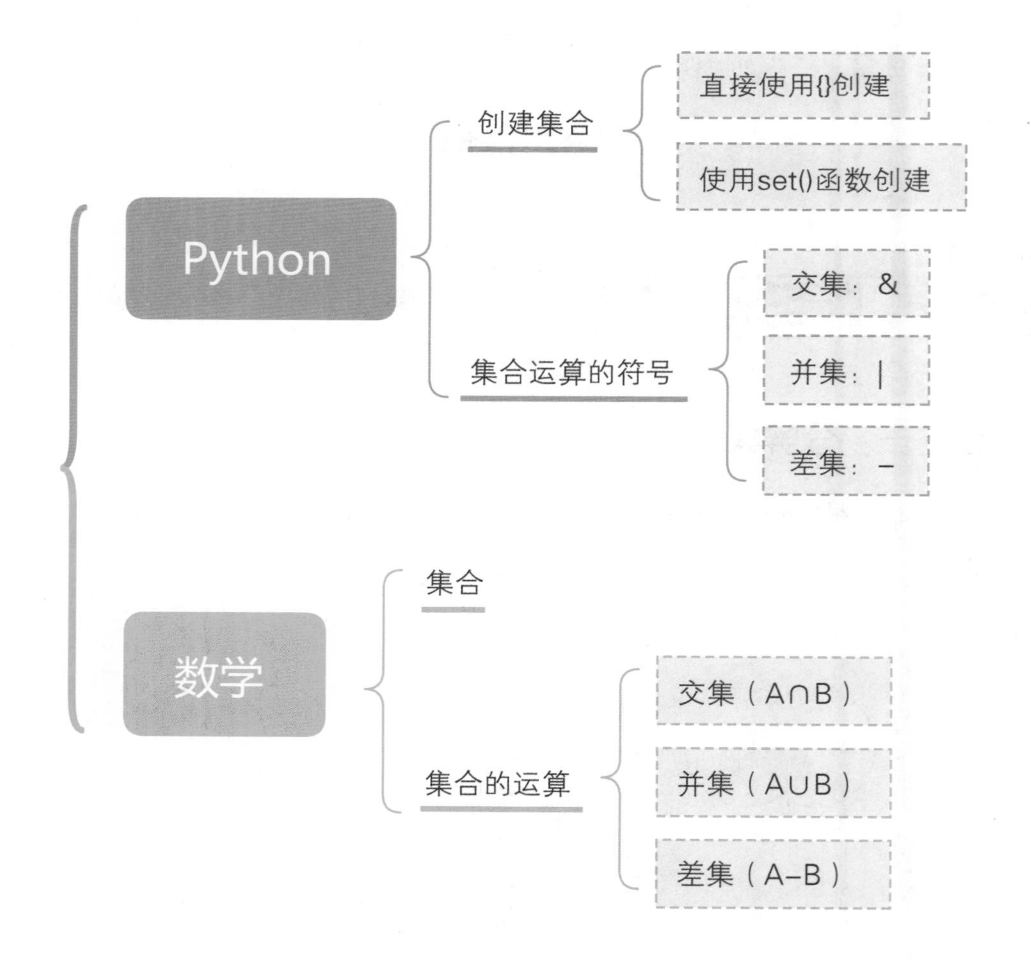

第5课

独特的数字

本课学习目标

- 掌握 while 循环嵌套的实际运用
- 掌握 Python 当中的幂运算
- 学会获取字符串索引及长度操作
- 了解数学当中独特的数字

扫描二维码
获取本课资源

任务探秘

在整数中有一种特殊的三位数，它每个位上的数字的3次幂之和等于它本身，如图5.1所示，那么该数字就是“水仙花数”。请同学们使用Python制作一个可以快速判断出一个三位数字是不是水仙花数的程序。

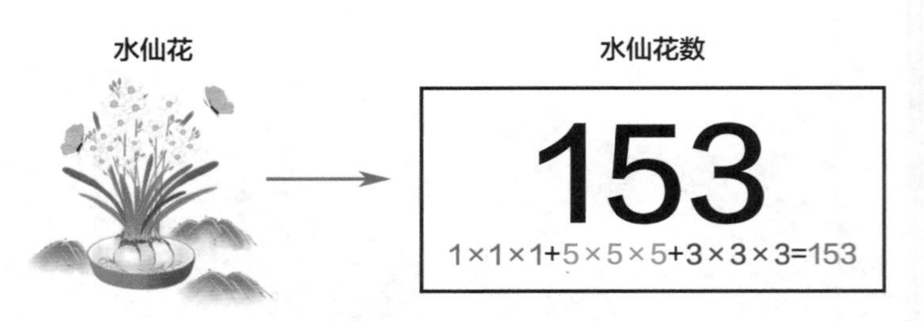

图5.1　水仙花数

规划流程

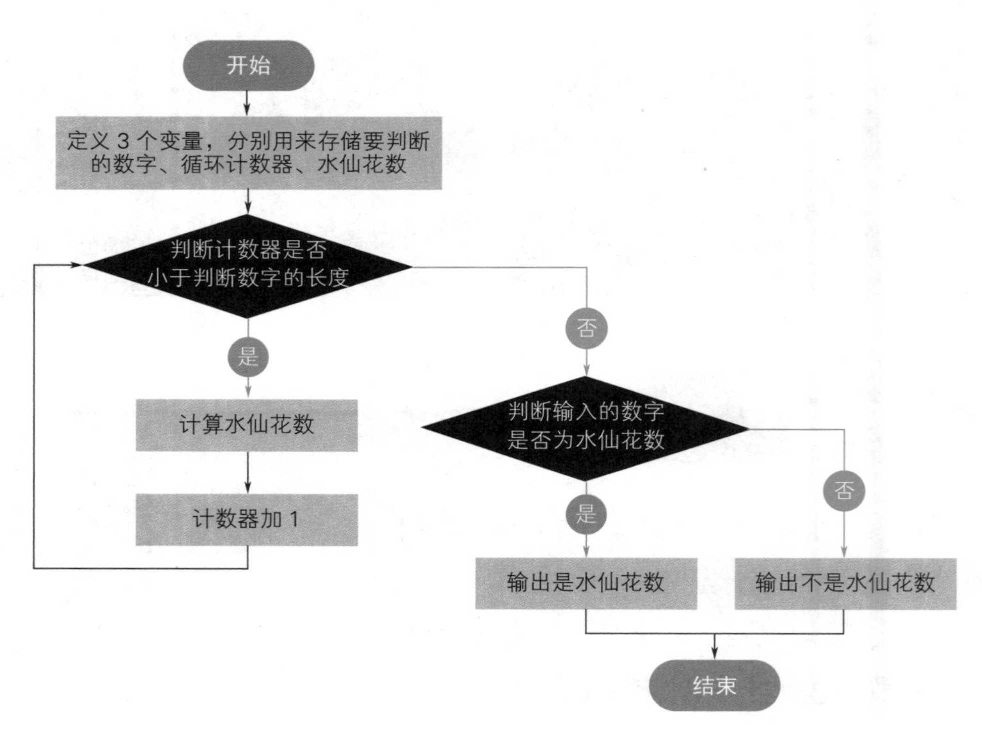

图5.2　流程图

根据任务探秘，可以发现“水仙花数”的特点是每一位数字的3次幂之和等于它本身。这样我们可以通过Python的循环语句，将输入的数字进行拆分，并将每位数字的3次幂结果相加，然后将计算结果与原数字进行相等判断，如果相等，则该数字为“水仙花数”。根据上面的任务分析规划流程，如图5.2所示。

编程实现

创建一个Python文件，在该文件中，按以下步骤编写代码：

第1步 获取用户输入的三位数字，设置计算循环次数的变量，再设置一个变量，用来保存计算出来的最终值。

第2步 将整个数字拆分并分别计算每位数字的立方值（3次幂），最后相加。

第3步 最后判断用户输入的数字与计算出来的结果是否相等，如果相等，表示该数为水仙花数。

代码如下：

```
01  #判断一个数是不是水仙花数
02  number = input('输入数字：')
03  i = 0                              #循环计数器
04  new_number = 0                     #保存计算出来的水仙花数
05  while i < len(number):             #一直循环到i等于number的长度
06      new_number = new_number + int(number[i]) ** 3
                                       #把三位数的立方值传递给new_number
07      i=i+1                          #让计数器i+1
08  if int(number) == new_number:      #如果输入的数字是水仙花数
09      print(number,'是水仙花数')     #打印结果
10  else:                              #否则该数字不是水仙花数
11      print(number,'不是水仙花数')
```

测试程序

运行程序将自动显示如图5.3所示的运行结果。

```
输入数字:153
153 是水仙花数
```

图5.3 判断水仙花数

优化程序

除了判断一个指定数字是不是水仙花数以外，我们也可以判断在一个指定范围的数字中，都有哪些数字是水仙花数。代码如下：

```
01  head = 100                              #设置起始数
02  tail = 999                              #设置终止数
03  while head <= tail:                     #从起始数开始一直循环到终止数
04      number = str(head)                  #将从范围内取到的数对应拿出，赋值给变量
                                             number
05      i = 0                               #循环计数器
06      new_number = 0                      #保存计算出来的水仙花数
07      while i < len(number):              #一直循环到i等于number的长度
08          new_number += int(number[i]) ** 3
                                            #把三位数的立方值传递给new_number
09          i=i+1                           #让计数器i+1
10      if int(number) == new_number:       #如果该数字为水仙花数
11          print(number,'是水仙花数')       #打印结果
12  head=head+1                             #最后让初始值加1
```

程序运行结果如图5.4所示。

```
153 是水仙花数
370 是水仙花数
371 是水仙花数
407 是水仙花数
```

图5.4 1000以内的水仙花数

sequence
顺序、次序、序列

head
头、头脑、顶部

index
索引、指数

tail
尾巴、尾部、末尾部分

narcissus
水仙

cube
立方体、立方、三次幂

字符串索引

在程序中获取字符串或者列表中某个位置上的内容时，需要使用索引。Python中的索引分为正向索引和逆向索引，正向索引是从0开始向右侧延续，逆向索引是从–1开始向左延续，如图5.5所示。

正向索引

字符1	字符2	字符3	字符4	字符n
0	1	2	3	n – 1

← 索引（下标）

逆向索引

图5.5　正向、逆向索引

例如，通过索引获取字符串中的内容，如图5.6所示。

```
str = "hello,Python"
print(str[0])
```

结果为：h

```
str = "hello,Python"
print(str[–1])
```

结果为：n

```
str = "hello,Python"
print(str[5])
```

结果为：,

图5.6　通过索引获取字符串内容

独特的数字

数学是一门很有意思的学科，其中有很多有趣的数字，除了本课任务中提到的水仙花数，还有自守数、回文数、互质数等，下面介绍几种常见的有趣数字，你能用Python设计程序判断出哪些数字是这些有趣的数字吗？

（1）自守数

如果某一个数的平方的末尾几位等于这个数，这个数就是自守数，例如，5×5=25，25的末位刚好是5，那5就是自守数，25×25=625，25也是一个自守数，如图5.7所示。

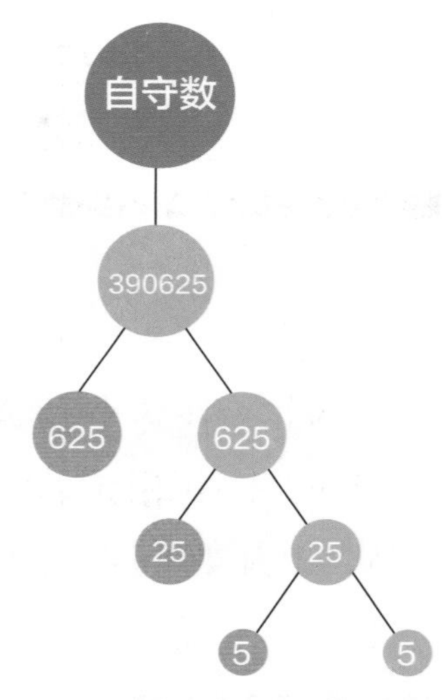

图5.7 自守数

（2）回文数

回文是指正读反读都能读通的一种修辞方法和游戏，如“我为人人，人人为我”，而回文数就是正着读反着读都一样的数字，比如12321，如图5.8所示。

图5.8 回文数

（3）互质数

如果两个或多个整数的公因数只有1（同时只能够被1整除的数字）比如2和3，3和5等，这样的数字被称为互质数，如图5.9所示。

$2 \div 1 = 2$

$3 \div 1 = 3$

2和3只能同时被1整除
所以2和3是互质数

图5.9　互质数

任务一：判断回文数

尝试编写程序，判断一个正整数（三位数以上）是否为回文数，程序运行如图5.10所示。

```
输入数字：12321
12321 是回文数
>>> |
```

图5.10　判断数字是否为回文数

任务二：趣味藏头诗

最近小明迷上了藏头诗，于是乐乐便给小明写了一首诗（如图5.11所示），请你帮助小明制作一个藏头诗提取器，能够提取出诗句当中的“明日之星”。

明朝桂树新
日夕望云林
之子独狂歌
星井欲望河

图5.11　藏头诗

知识卡片

- **Python**
  - 字符串索引[]
    - 1.正向索引：0,1,2,3…(长度−1)
    - 2.反向索引：−1,−2,−3…(长度)
  - 幂运算**
    - 返回x的y次幂
- **数学**
  - 水仙花数
    - 每个位数上的数字的3次幂之和等于其本身
  - 自守数
    - 某一个数的平方的末尾几位等于这个数
  - 回文数
    - 正读反读都一样的数
  - 互质数
    - 两个或多个整数的公因数只有1的非零自然数

第6课

自增求和

本课学习目标

- 学会使用 def 语句自定义基本函数
- 熟悉如何定义带参数和返回值的函数
- 掌握等差数列的求和方法
- 理解使用函数提高代码效率的思想

扫描二维码
获取本课资源

我们使用Python来制作一个自增求和的程序，要求输入一个最终数字后，程序可以对1到该数字自动求和，任务效果如图6.1所示。

```
请输入最终数字：100
最终结果为： 5050
```

图6.1　本课任务效果

根据任务探秘，首先需要获取一个最终数字，例如100，然后使用Python中的循环，遍历1 ～ 100中的每一个数字，并将每一个数字与上一组的计算结果进行相加（例如1+2+3+4+…），当最终相加至100时，循环自动结束，并打印最终计算结果。根据上面的任务分析规划流程，如图6.2所示。

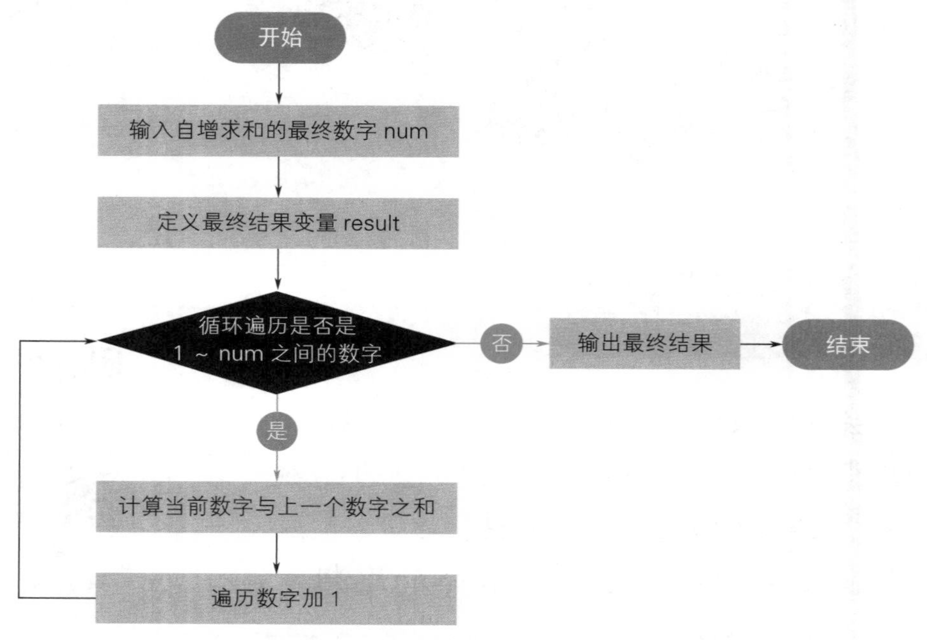

图6.2　流程图

编程实现

创建一个Python文件，在该文件中，按以下步骤编写代码：

第1步 获取用户输入的数字，并设置变量用于存储最终结果。

第2步 通过循环的方式从1一直遍历到输入的数字，并在循环中每遍历一次就自动相加一次，然后将计算结果保存。

第3步 打印最终结果。

代码如下：

```
01  num = int(input("请输入最终数字:"))      #输入要自增求和的最终数字
02  #for循环解法
03  result = 0                                #设置用来存储最终结果的变量result,
                                               并设置为0
04  for i in range(1,num+1):                  #进入循环,让i从1递增到最终数字+1
05      result=result+i                       #将i加入到最终结果result中
06  print("最终结果为:",result)               #打印最终结果
```

测试程序

程序运行后，输入自增求和的目标数字，例如100，控制台将自动显示如图6.3所示的运行结果。

```
请输入最终数字：100
最终结果为： 5050
```

图6.3 求1 ~ 100自增求和

优化程序

通过上面的程序，我们已经可以计算1到任意数字的和，但是，如果你的程序中需要在不同的地方使用该功能，就可以将计算1到指定数字和的代码定义为一个函数，然后在不同的地方调用即可。

代码如下：

```
01  def sum01(x):                    #定义一个用于自增求和的函数sum01,x为其参数
02      result = 0                   #设置用来存储最终结果的变量result,并设置为0
03      for i in range(1,x+1):       #进入循环,让x从1递增到最终数字+1
04          result=result+i          #将i加入到最终结果result中
05      return result                #返回最终结果
06
07  num = int(input("请输入要求和的最终数字:")) #输入要自增求和的最终数字
08  print("自增求和结果为:",sum01(num))        #打印最终结果并调用函数sum01
09  num = int(input("请输入要求和的最终数字:")) #输入要自增求和的最终数字
10  print("自增求和结果为:",sum01(num))        #打印最终结果并调用函数sum01
```

程序运行结果如图6.4所示。

```
请输入要求和的最终数字：100
自增求和结果为： 5050
请输入要求和的最终数字：200
自增求和结果为： 20100
```

图6.4 多次调用自增求和

result

结果、后果

function

功能、职责、函数

sum

金额、总数、总和

return

回来、回去、返回

increase

增长、增强、增大

parameter

界限、范围、参数、变量

Python中的函数

优化本课任务代码时，我们用到了函数！下面对函数进行讲解。

（1）自定义函数

函数是可以实现一些特定功能的一段代码，就好像是把一段代码打包成一个小工具，当需要使用时，直接把工具拿来即可。假如我们想要创建一款格斗游戏，里面有多个角色，每个角色都有一个共有的技能“组合拳”，这时我们在编写代码时，就可以将组合拳的内容定义为函数，如图6.5所示。

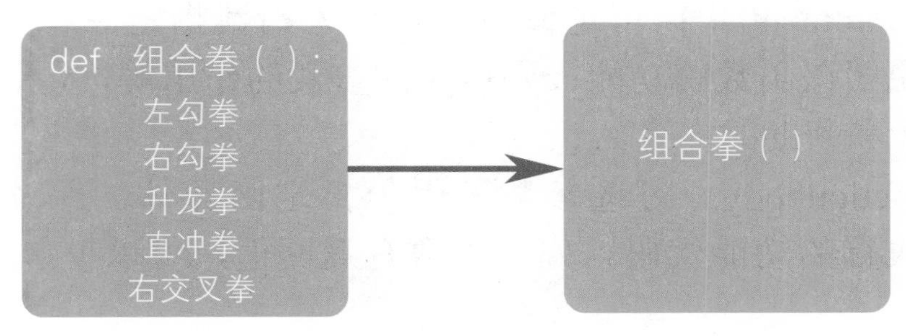

图6.5 自定义函数

自定义函数，可以理解为创建一个具有某种用途的工具。使用def关键字实现，具体的语法格式如下：

```
def functionname([parameterlist]):
    ['''comments''']
    [functionbody]
```

参数说明如下：

☑ functionname：函数名称，在调用函数时使用。

☑ parameterlist：可选参数，用于指定向函数中传递的参数。如果有多个参数，各参数间使用逗号“,”分隔。如果不指定，则表示该函数没有参数。在调用时，也不指定参数。

说明

即使函数没有参数时，也必须保留一对空的小括号“( )”，否则将显示如图6.6所示的错误提示对话框。

图6.6　语法错误对话框

☑ '''comments'''：可选参数，表示为函数指定注释，注释的内容通常是说明该函数的功能、要传递的参数的作用等，可以为用户提供友好提示和帮助的内容。

☑ functionbody：可选参数，用于指定函数体，即该函数被调用后，要执行的功能代码。如果函数有返回值，可以使用return语句返回。

假如我们在制作刚才的格斗游戏时，虽然每个角色都会使用组合拳，但是他们每个人在使用时有些许不同点，这时就可以通过定义参数来区分每个人的不同之处，如图6.7所示。

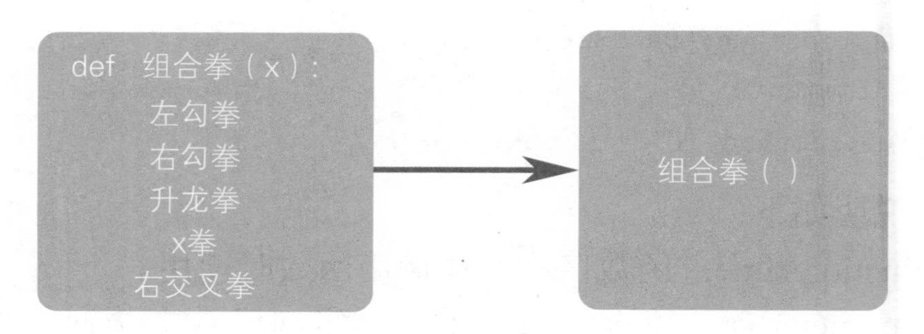

图6.7　自定义带参函数

（2）调用函数

调用函数也就是执行函数。如果把创建的函数理解为创建一个具有某种用途的工具，那么调用函数就相当于使用该工具。调用函数的基本语法格式如下：

```
functionname([parametersvalue])
```

参数说明如下：

☑ functionname：函数名称，要调用的函数名称，必须是已经创建好的。

☑ parametersvalue：可选参数，用于指定各个参数的值。如果需要传递多个参数值，则各参数值间使用逗号“,”分隔。如果该函数没有参数，则直接写一对小括号即可。

在我们设计好组合拳函数后，就可以让每一位角色调用该函数，使其可以使用不同内容的组合拳，如图6.8所示。

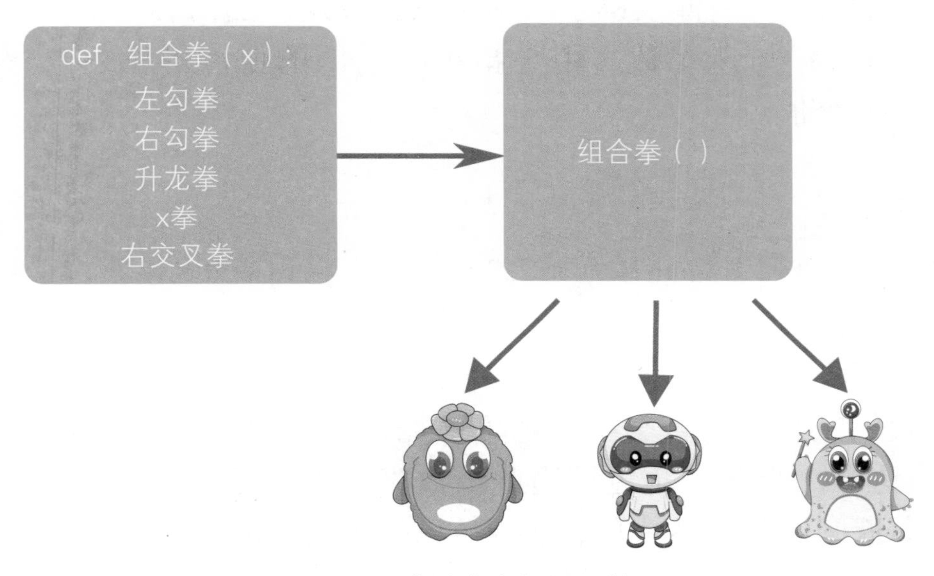

图6.8 每个角色调用函数

（3）参数传递

在定义函数时，函数名后面的括号中的参数叫“形式参数（形参）”；而在调用一个函数时，函数名后面括号中的参数叫“实际参数（实参）”。参数的传递实际上就是将实参的值或地址传递给形参，如图6.9所示。

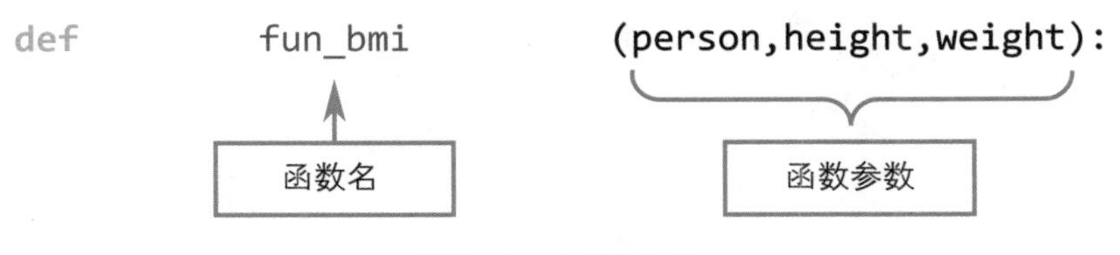

图6.9 函数参数

（4）返回值

在函数体内使用return语句可以为函数指定返回值，返回值可以是任意类型，并且无论return语句出现在函数的什么位置，只要得到执行，就会直接结束函数的执行。

return语句的语法格式如下：

```
return[value]
```

参数说明如下：

☑ return：返回值关键字，用来指定要返回的内容。

☑ value：可选参数，用于指定要返回的值，可以返回一个值，也可返回多个值。

说明

当函数中没有return语句时，或者省略了return语句的参数时，将返回None，即返回空值。

在我们定义的组合拳中，也可以加入一个返回值“对敌人造成的伤害”，这样，当某个角色调用此函数时，不仅可以执行一套组合拳，而且还会返回对敌人造成的伤害是多少，如图6.10所示。

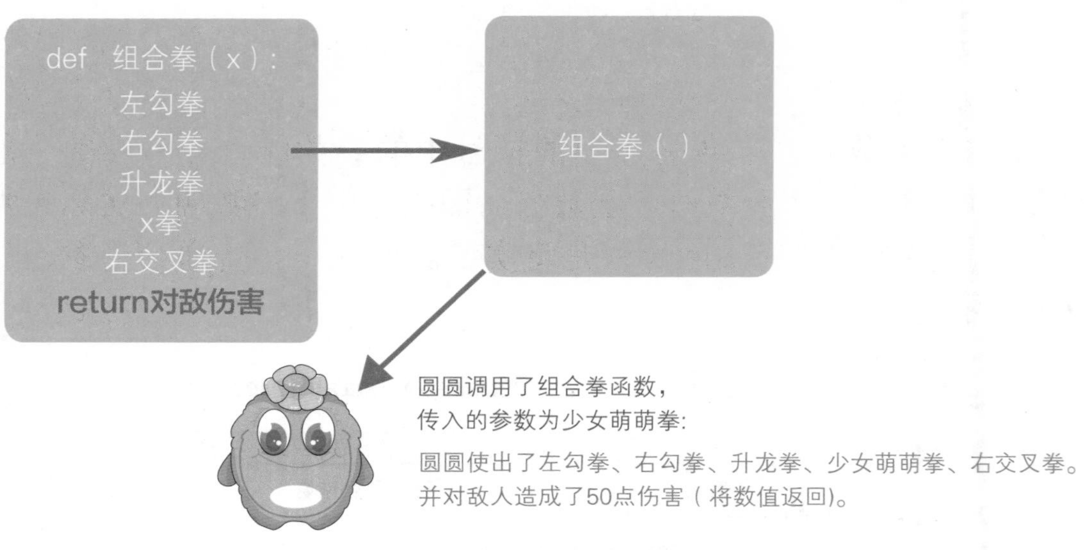

图6.10 调用函数并返回值

等差数列求和

等差数列求和在日常生活中经常遇到。等差数列是常见数列的一种，如果一个数列从第二项起，每一项与它的前一项的差等于同一个常数，这个数列就叫做等差数列。

等差数列公式：数列和=（首项+末项）×项数÷2。例如：

```
1+2+3+4+…+99+100
=(1+100)+(2+99)+(3+98)+…+(99+2)+(100+1)
=(1+100)×100÷2
=101×50
=5050
```

尝试计算下面两个等差数列的结果：

（1）1+2+3+4+…+49+50

（2）2+6+10+…+42

任务一：自增求和while版

在Python中除了可以使用for循环的方式进行自增求和以外，还可以使用while循环，只不过需要制造一个条件来满足while循环的限制。请你使用while循环尝试实现自增求和程序。

任务二：汇率转换器

最近小明有出国旅游的打算，因此乐乐准备为小明制作一个人民币转换为美元的程序，汇率按1人民币=0.1525美元算。请你制作Python程序，输入人民币后可以输出对应的美元，如图6.11所示。

```
请输入要转换的金额10
10 元转换后为 1.525 美元
>>> |
```

图6.11　汇率转换

知识卡片

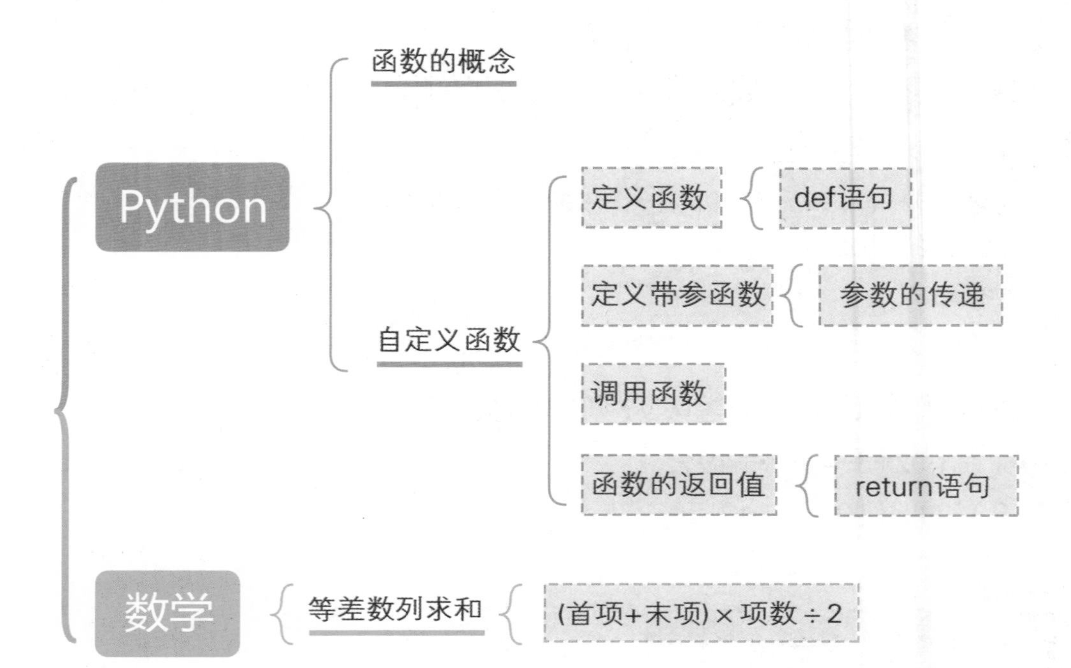

Python
函数的概念
自定义函数
定义函数
def语句
定义带参函数
参数的传递
调用函数
函数的返回值
return语句
数学
等差数列求和
(首项+末项)×项数÷2

第7课

最小公倍数

本课学习目标

- 掌握内置函数 max( ) 的使用
- 理解最小公倍数并熟悉最小公倍数的计算方法
- 熟练掌握逻辑运算符的运用

扫描二维码
获取本课资源

任务探秘

4的倍数有4、8、12、16、20、24、28、32、36等，6的倍数有6、12、18、24、30、36等，其中，像12、24、36等既是4的倍数，也是6的倍数，类似这样的数，我们将其称为公倍数，而公倍数之中最小的一个（0除外），叫作最小公倍数。本课的任务是设计一个程序，可以快速计算出两个数的最小公倍数。

规划流程

根据任务探秘，首先需要获取两个数字中比较大的一个，然后使用Python中的循环语句不断判断当前数字及比其大的数字是否可以同时被原始的两个数字整除，如果可以同时被整除，则这个数字就是原始两个数字的最小公倍数。根据上面的任务分析规划流程如图7.1所示。

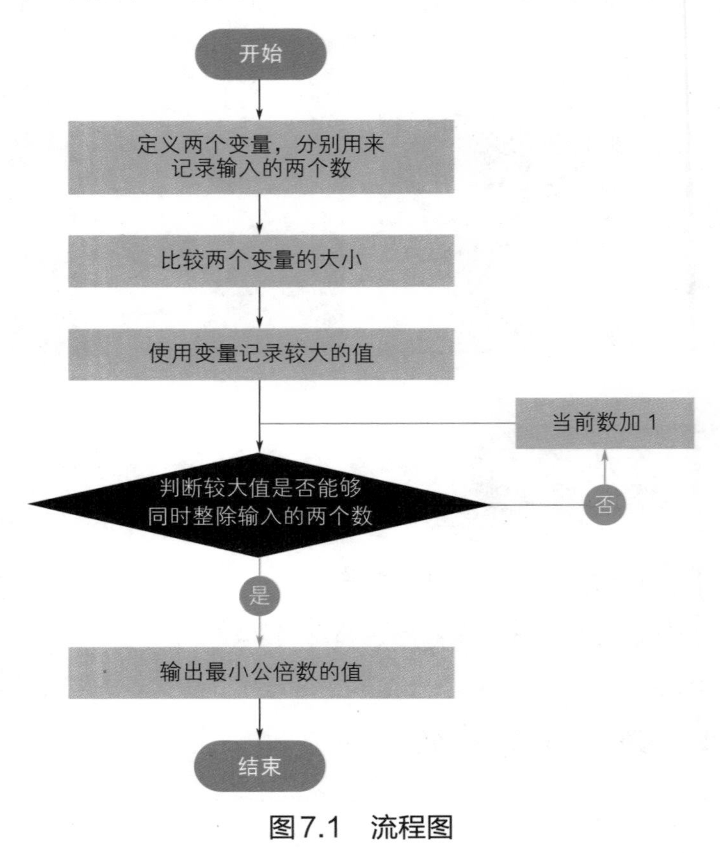

图7.1　流程图

编程实现

创建一个Python文件，在该文件中，按以下步骤编写代码：

第1步 获取用户输入的两个数。

第2步 通过if判断获取其中的最大值，并将其存入变量中。

第3步 在while循环中判断能同时整除两个数的数字（不能被整除就+1），该数字就是这两个数的最小公倍数。

代码如下：

```
01  #求两个数的最小公倍数
02  x = int(input("请输入第一个数"))   #获得第一个数x
03  y = int(input("请输入第二个数"))   #获得第二个数y
04  if x > y :                          #获取最大值，如果x>y
05      greater = x                     #那么设置最大值为x
06  else:                               #否则设置最大值为y
07      greater = y
08  while True:                         #进入一个死循环进行判断
09      #判断greater是否能被x和y同时整除
10      if (greater%x==0) and (greater%y==0):
11          print(x,"和",y,"的最小公倍数为：",greater) #输出最小公倍数
12          break                       #退出循环
13      greater = greater+1             #变量递增
```

测试程序

程序运行后依次输入需要计算的两个数字，控制台将自动显示如图7.2所示的运行结果，扫码查看程序运行效果。

```
请输入第一个数45
请输入第二个数30
45 和 30 的最小公倍数为： 90
```

图7.2 求最小公倍数

优化程序

在判断两个数字的大小时，也可以使用Python中的max()函数来实现。例如，使用max()函数替换“编程实现”中使用if判断两个数字大小关系的代码，优化后的代码如下：

```
01  #求两个数的最小公倍数
02  x = int(input("请输入第一个数"))    #获得第一个数x
03  y = int(input("请输入第二个数"))    #获得第二个数y
04  greater = max(x,y)                  #使用max函数获取输入的最大值
05  while True:                         #进入一个死循环进行判断
06      #判断greater是否能被x和y同时整除
07      if (greater%x==0) and (greater%y==0):
08          print(x,"和",y,"的最小公倍数为:",greater) #输出最小公倍数
09          break                       #退出循环
10      greater = greater+1             #变量递增
```

程序运行结果如图7.3所示。

```
请输入第一个数30
请输入第二个数45
30 和 45 的最小公倍数为： 90
```

图7.3　求最小公倍数运行结果

small

小型的、少的、小规模的

multiple

多个的、多种的、倍数

minimum

最小的、最低限度的

least common multiple

最小公倍数

当需要获取几个数中的最大值时，可以使用Python中的内置函数max()，其使用方法如下：

```
max（iterable，default=obj，key=func）
```

参数说明如下：

☑ iterable：可迭代对象，如字符串、列表、元组等序列对象。

☑ default：命名参数，可选，用来指定最大值不存在时返回的默认值。

☑ key：命名参数，可选，为一个函数，用来指定获取最大值的方法。

返回值：返回给定数的最大值。

例如，下面代码用来获取x和y中比较大的数字：

```
greater = max(x,y)    #使用max函数获取大的数
```

求最小公倍数的方法

本课任务中，使用Python程序计算两个数的最小公倍数时，使用了列举法，它其实是把要求的两个或者多个数的倍数逐个列出来，直到找到最小公倍数，如图7.4所示。除了这种方法，最常用的计算最小公倍数的方法还有很多种，下面分别介绍。

12的倍数：12、24、36、48、60…
16的倍数：16、32、48、64、80…

图7.4　列举法

方法1　大数翻倍法

大数翻倍法，即找到两个数字中比较大的一个数字，让其依次乘2，3，4，…，直到乘积是12的倍数为止。例如，使用大数翻倍法计算12和16的最小公倍数，如图7.5所示。

	乘数		积
16×	2	=	32
	3		48
	4		
	…		

图7.5　大数翻倍法

方法2　质因数分解法

质因数分解法，即首先找出两个数的质因数，并找出它们共有的

质因数，最后找出它们独有的质因数，将这些质因数相乘即可。例如，使用质因数分解法计算12和16的最小公倍数，如图7.6所示。

12 = 2 × 2 × 3
16 = 2 × 2 × 2 × 2
公有质因数　独有质因数
[12，16]=2×2×3×2×2=48

图7.6　分解质因数法

质因数是指一个正整数的因数，同时该因数还是一个质数，例如，15的因数有3和5，而3和5同时也都是质数，因此，我们可以说3和5是15的质因数。

方法3　短除法

短除法，即首先找到两个数的除了1以外的最小公因数，然后分别用这两个数去除以它们的最小公因数，直到得到的商只有公因数1，也就是互质为止（互质数），最后，将所有的除数和商相乘即可。例如，使用短除法计算12和16的最小公倍数，如图7.7所示。

2 | 12　16
2 | 6　8
　 3　4
[12，16]=2×2×3×4=48

图7.7　短除法

互质数是指公因数只有1的两个自然数（除0以外），叫作互质数。

任务一：不同方法求最小公倍数

在数学中计算最小公倍数的方法有很多，请尝试使用Python设计程序，使用质因数分解方法计算两个数的最小公倍数。

任务二：寻找最小数字

在Python中，min()函数具有与max()函数相反的功能，它可以求出多个数字当中最小的那个数字，其使用方法与max()函数类似。请你尝试使用min()函数设计一个程序，当输入两个数字时，可以输出较小的那个数字。效果如图7.8所示。

```
请输入第一个数字1
请输入第二个数字2
最小的数字是 1
```

图7.8 使用min( )函数找出最小数

知识卡片

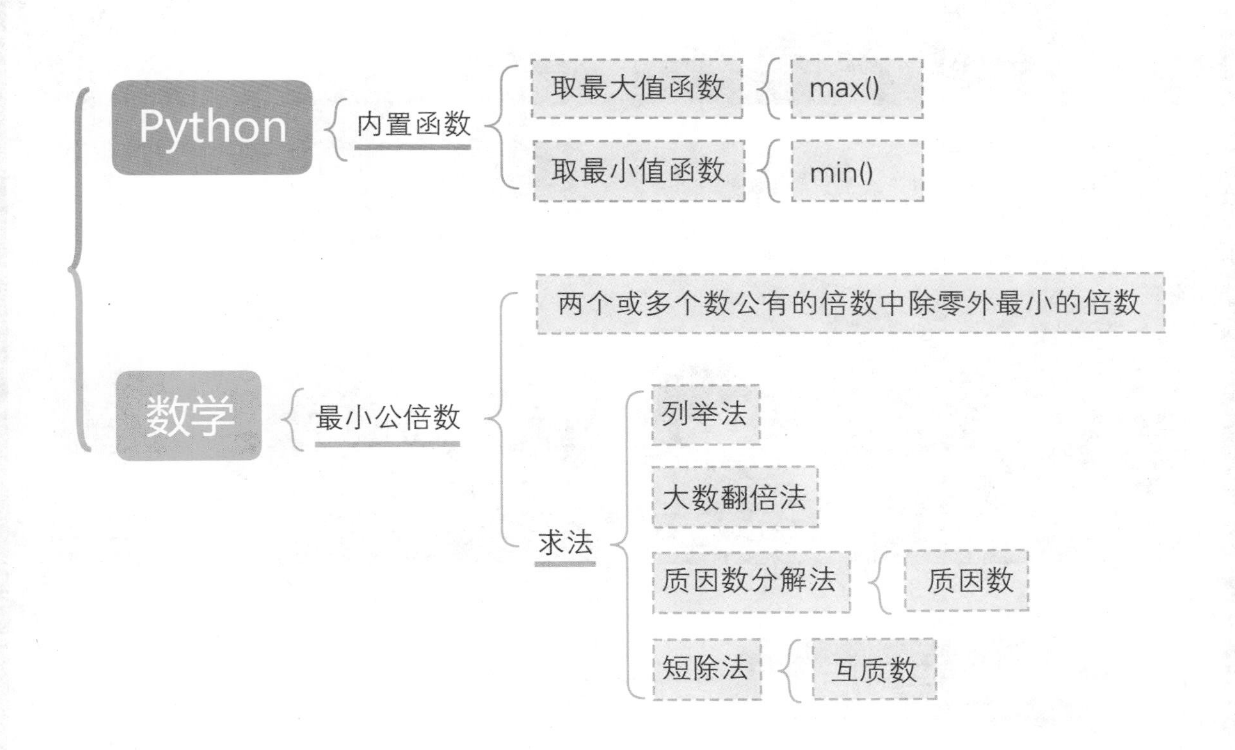

第8课

最大公约数

本课学习目标

- 巩固 Python 中变量、输入输出、条件语句及循环的使用
- 理解最大公约数
- 使用多种方法计算最大公约数

扫描二维码
获取本课资源

任务探秘

最大公约数，也称最大公因数，指两个或多个整数共有约数中最大的一个。例如，要计算12和16的最大公约数，首先应该知道这两个数字分别的约数，12的约数有1、2、3、4、6、12，16的约数有1、2、4、8、16，它们公有的约数为1、2、4，其中最大的一个是4，因此，4是12与16的最大公约数。

本课任务要求使用Python设计程序，计算输入的任意两个数的最大公约数。

规划流程

根据任务探秘，首先需要获取两个数字中比较小的一个，然后使用Python中的循环语句不断判断当前数字及比其小的数字是否可以同时整除原始的两个数字，如果可以同时整除，则这个数字就是原始两个数字的最大公约数。根据上面的任务分析规划流程，如图8.1所示。

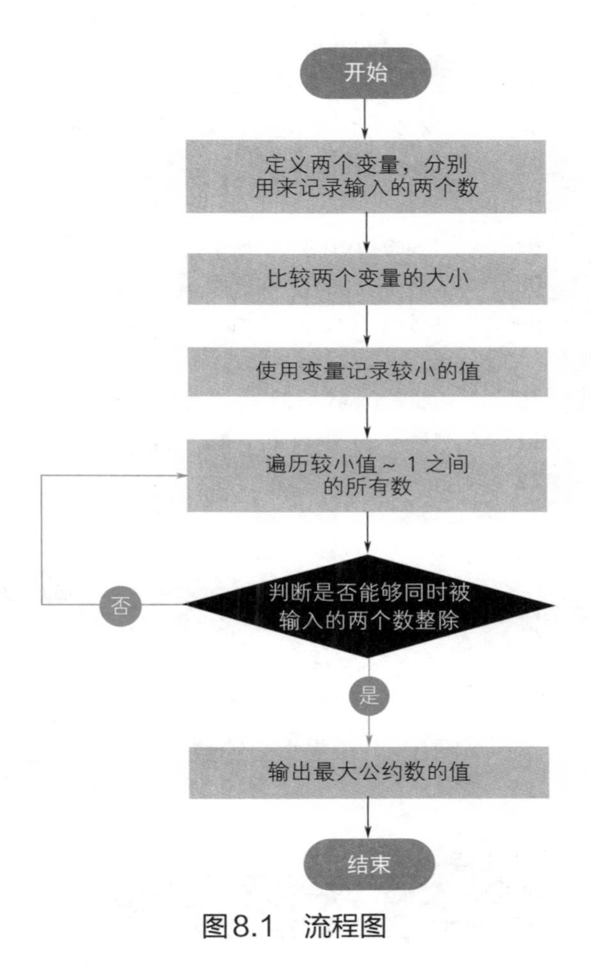

图8.1 流程图

探索实践

编程实现

创建一个Python文件，在该文件中，按以下步骤编写代码：

第1步 先获取用户输入的两个数。

第2步 通过if判断获取其中的最小值，并将其存入变量中。

第3步 通过for循环以枚举的方式进行判断，当一个数字同时能被输入的两个数字整除时，这个数字就是最大公约数，这时退出循环。

代码如下：

```
01  #求两个数的最大公约数
02  x = int(input("请输入第一个数"))              #获得第一个数x
03  y = int(input("请输入第二个数"))              #获得第二个数y
04  if x > y:                                     #获取最小值，如果x>y
05      smaller = y                               #那么设置最小值为y
06  else:                                         #否则设置最小值为x
07      smaller = x
08  #枚举从最小值到1的数值，此处应该倒着枚举，因为任意两个数都可以被1整除
09  for i in range(smaller,0,-1):                 #range()函数生成的列表包括开头
                                                   不包括结尾，所以终止数为0
10      if (x%i==0) and (y%i==0):                 #判断i是否能将x和y同时整除
11          print(x,"和",y,"的最大公约数为：",i)  #输出最大公约数
12          break                                 #退出循环
```

测试程序

```
请输入第一个数12
请输入第二个数16
12 和 16 的最大公约数为： 4
```

图8.2　求最大公约数

程序运行后依次输入需要计算的两个数字，控制台将自动显示如图8.2所示的运行结果。

smaller

较小的、更小的

greatest common divisor

最大公约数

求最大公约数的方法

本课任务中，使用Python程序计算两个数的最大公约数时，使用了列举法。除了这种方法，最常用的计算最大公约数的方法还有很多种，下面分别介绍。

方法1 质因数分解法

质因数分解法，即首先找出两个数的质因数，并找出它们共有的质因数，并将这些共有的质因数相乘即可。例如，使用质因数分解法计算12和16的最大公约数，如图8.3所示。

$$12 = 2 \times 2 \times 3$$
$$16 = 2 \times 2 \times 2 \times 2$$

公有质因数 独有质因数

[12，16] =2×2=4

图8.3 质因数分解法

方法2 短除法

短除法，即首先找到两个数的除了1以外的最小公因数，然后分别用这两个数去除以它们的这个公因数，直到得到的商只有公因数1，也就是互质为止（互质数），最后，将所有的除数相乘即可。例如，使用短除法计算12和16的最大公约数，如图8.4所示。

```
2 | 12  16
   -------
  2 | 6   8
     -------
      3   4
```

[12，16]=2×2=4

图8.4 短除法

方法3 辗转相除法（欧几里得算法）

辗转相除法，又称欧几里得算法，它是用较大的数除以较小的数，再用除数除以刚才所得的余数（第一余数），然后用第一余数除以刚才所得的第二余数，依此类推，直到余数是0为止，最后的除数就是这两个数的最大公约数。例如，使用辗转相除法计算12和16的最大公约数，如图8.5所示。

较大数 ÷ 较小数 = 商…第一余数
除数（较小数）÷ 第一余数 = 商…第二余数
除数（第一余数）÷ 第二余数 = 商…第三余数
依此类推…
直到余数 = 0为止
最后的除数即为两个数的最大公约数

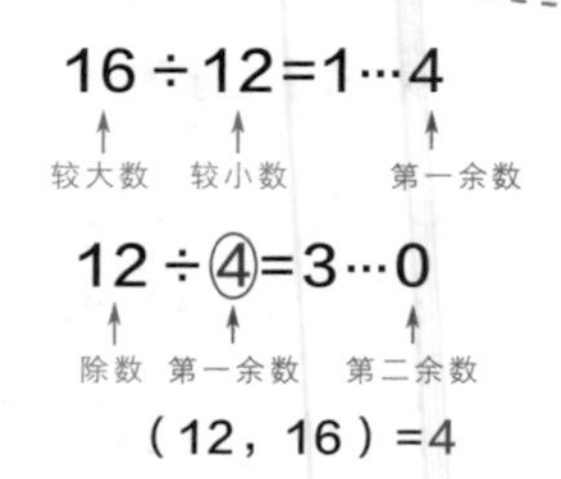

图8.5　辗转相除法

方法4　更相减损法（也叫辗转相减法）

《九章算术》中记录了一种计算最大公约数的方法，叫作“更相减损法”，其具体步骤如下：

（1）给定两个正整数，判断它们是否都是偶数。若是，则用2约简（同时除以2）；若不是，则执行下面的步骤（2）。

（2）以较大的数减去较小的数，然后把所得的差与较小的数进行比较，同样用大数减小数，依此类推，直到所得的减数和差相等为止。

（3）步骤（1）中约掉的若干个2与步骤（2）中最后的差的乘积就是所求的最大公约数。

例如，使用更相减损法计算12和16的最大公约数，如图8.6所示。

2 | 12　16
2 | 6　8
　 3　4

4 − 3=1
3 − 1=2
2 − 1=1

[12，16]=2×2×1=4

图8.6　更相减损法

任务一：不同方法求最大公约数

在数学中计算最大公约数的方法有很多，请尝试使用Python设计程序，使用辗转相减法计算两个数的最大公约数。

任务二：智能求解器

在学习了使用Python计算最小公倍数和最大公约数后，本挑战任务将要求使用一个函数来整合两种算法，当输入两个数字后，程序可以输出这两个数字的最小公倍数和最大公约数。效果如图8.7所示。

```
12    16 的最小公倍数为：48
12    16 的最大公约数为：4
>>>
```

图8.7　智能求解器

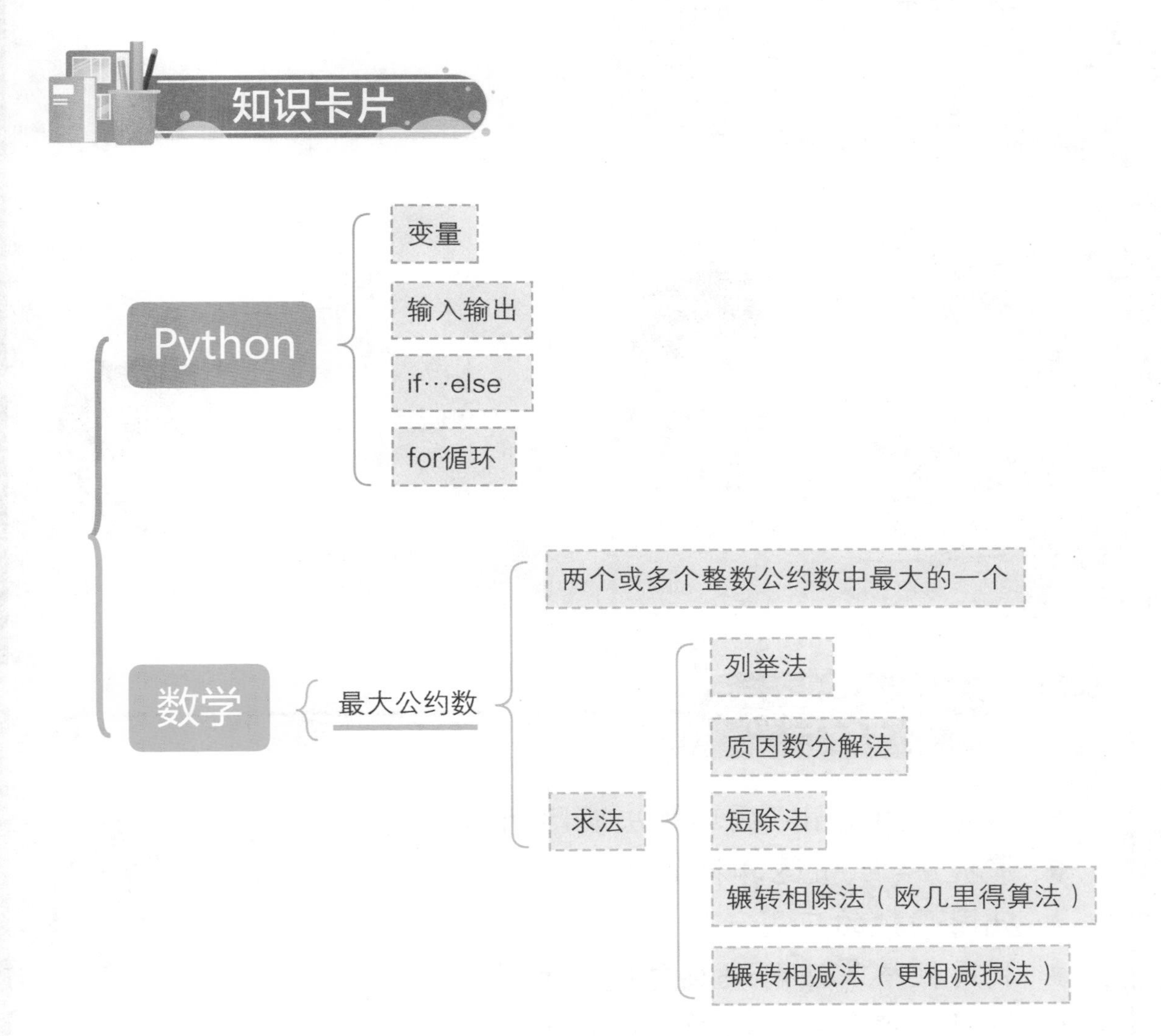

第9课

鸡兔同笼

本课学习目标

- 熟练运用 while 循环解决实际问题
- 掌握 += 赋值运算符的使用
- 巩固函数的应用
- 利用枚举算法解决鸡兔同笼问题
- 使用多种方法解决鸡兔同笼问题

扫描二维码
获取本课资源

任务探秘

鸡兔同笼是我国古代最著名的数学题目之一，被记录在《孙子算经》中："今有雉、兔同笼，上有三十五头，下有九十四足。问雉、兔各几何？"，如图9.1所示，意思是"现在有若干只鸡和兔子关在同一个笼子里，从上面数，有35个头，从下面数，有94只脚，问笼子中有多少只鸡，多少只兔？"，今天我们就使用Python编写程序，来解决这一千古名题吧。

今有雉、兔同笼，上有三十五头，下有九十四足。问雉、兔各几何？

图9.1 鸡兔同笼

规划流程

根据任务探秘，我们需要知道每只鸡有1个头2只脚、每只兔子有1个头4只脚，所以要想区分鸡、兔各有几只，两种动物的脚是最重要的线索，因为每只兔子比每只鸡多2只脚。

在使用Python程序实现时，我们通常的方法是使用循环遍历，因为一共有35个头，所以遍历35以内的所有数，然后对遍历到的数进行处理，当鸡的数量×2（只脚）+兔子数量×4（只脚）=总脚数时，说明两种动物数量分配正确，此时跳出循环。根据上面的任务分析规划流程，如图9.2所示。

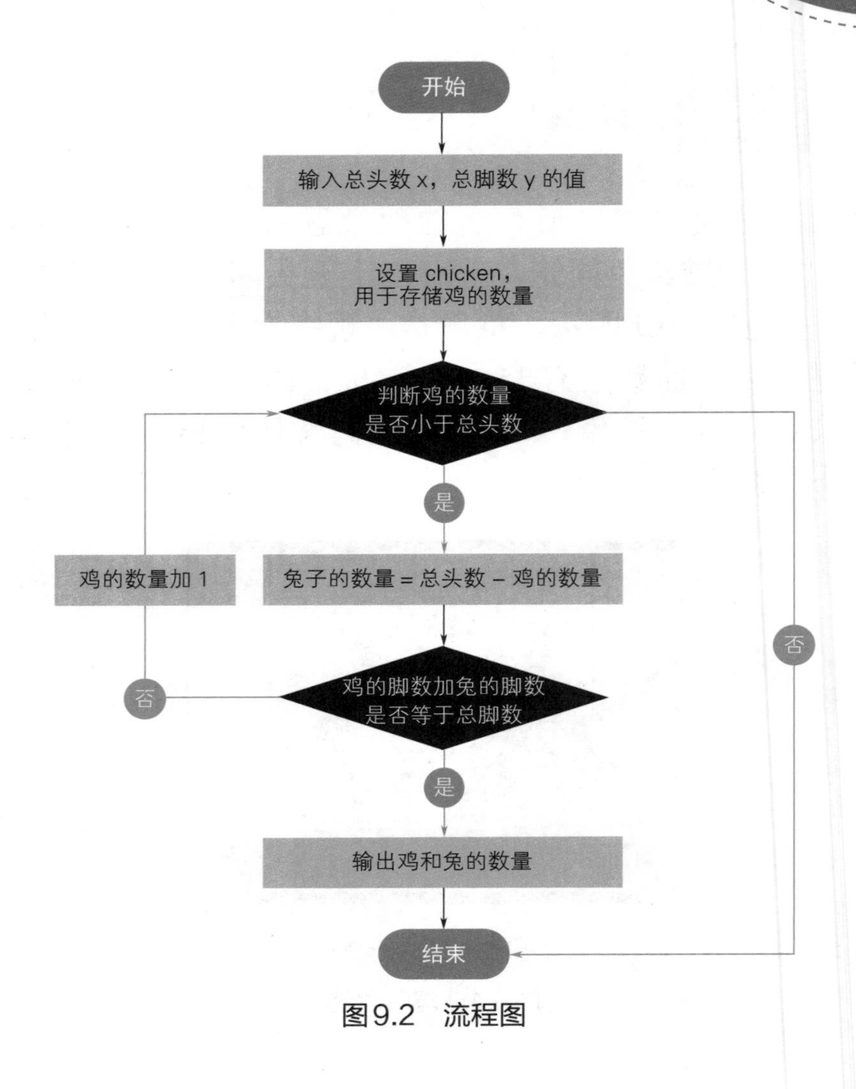

图9.2　流程图

编程实现

创建一个Python文件，在该文件中，按以下步骤编写代码：

第1步　使用Python计算鸡兔同笼问题时最简单的方法是使用枚举法。

第2步　首先获取用户输入的头和脚数，并定义一个变量，假设其为鸡或兔子的数量（设置为0）。

第3步　在循环中根据鸡有2只脚、兔有4只脚的特点对遍历到的

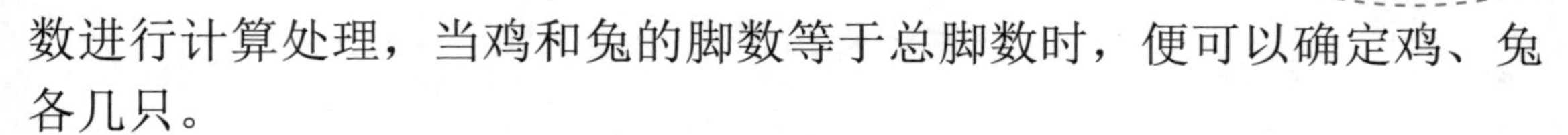

数进行计算处理，当鸡和兔的脚数等于总脚数时，便可以确定鸡、兔各几只。

代码如下：

```
01  x = int(input("输入鸡和兔头的数量"))  #获得鸡和兔的总头数
02  y = int(input("输入鸡和兔脚的数量"))  #获得鸡和兔的总脚数
03  chicken = 0                         #先创建一个变量chicken存储鸡的数
                                          量,设置其为0
04  while chicken<=x: #设置while循环,当鸡的数量小于等于总数时,进入循环
05      rabbit = x - chicken            #兔的数量=总数量-鸡的数量
06      if chicken*2 + rabbit*4 == y:   #判断如果鸡的数量乘2加兔子的数量乘
                                          4等于总脚数
07          print("鸡有",chicken,"只","兔有",rabbit,"只")
                                        #输出鸡和兔的数量
08          break                       #退出循环
09      chicken+=1                      #让鸡的数量增加1
```

测试程序

程序运行后依次输入所有头和脚的数量，这里分别输入35和94，控制台将自动显示如图9.3所示的运行结果。

```
输入鸡和兔头的数量35
输入鸡和兔脚的数量94
鸡有 23 只 兔有 12 只
```

图9.3 求鸡兔同笼问题

说明

本课任务中设计的程序不局限于计算《孙子算经》中记录的鸡兔同笼问题，可以任意扩展鸡和兔的数量。

优化程序

尝试使用函数结合for循环优化本课任务代码，解决鸡兔同笼问题，优化后的代码如下：

```
01  def answer(x,y):                     #设置一个带两个参数的函数用来求鸡兔同笼问题
02      for chicken in range(0,x+1):     #设置for循环，让鸡的数量从0一直到总头数
03          rabbit = x - chicken         #兔的数量=总数量-鸡的数量
04          if chicken*2 + rabbit*4 == y: #判断如果鸡的数量乘2加兔子的数量乘4
                                          等于总脚数
05              print("鸡有",chicken,"只","兔有",rabbit,"只")
                                         #输出鸡和兔的数量
06              break                    #退出循环
07  heads = int(input("输入鸡和兔头的数量"))#获得鸡和兔的总头数
08  legs = int(input("输入鸡和兔脚的数量")) #获得鸡和兔的总脚数
09  answer(heads,legs)                   #将heads和legs传入到函数中
```

程序运行结果如图9.4所示。

```
输入鸡和兔头的数量32
输入鸡和兔腿的数量76
鸡有 26 只 兔有 6 只
```

图9.4　本课任务优化

chicken

鸡、鸡肉、胆小的

answer

答复、回答

rabbit

兔子

cage

笼子、监狱

Python中的赋值运算符

本课任务在遍历实现时，为了逐个进行验证，需要使遍历到的数逐个增加1，这用到了+=赋值运算符，它表示在当前数的基础上增加指定的数字。

除了本课中用到的+=，Python中还提供了很多其他的赋值运算符，比如我们前面一直使用的=，表9.1列出了Python中常用的赋值运算符及其含义。

表9.1　常用的赋值运算符

运算符	说明	举例	展开形式
=	简单的赋值运算	x=y	x=y
+=	加赋值	x+=y	x=x+y
-=	减赋值	x-=y	x=x-y
*=	乘赋值	x*=y	x=x*y
/=	除赋值	x/=y	x=x/y
%=	取余数赋值	x%=y	x=x%y
**=	幂赋值	x**=y	x=x**y
//=	最整除赋值	x//=y	x=x//y

说明

混淆“=”和“==”是编程中最常见的错误之一，“=”用来赋值，而“==”用来比较两个值是否相等。很多语言（不只是Python）都提供了这两个符号，而且每天都有很多程序员用错这两个符号，因此大家在使用时，一定要注意哦！

鸡兔同笼的多种解法

从上面数，有35个头；从下面数，有94只腿，问笼子中有多少只鸡，多少只兔？

程序中解决鸡兔同笼问题时，使用的是最简单的枚举法，也就是枚举出所有的鸡兔情况。35个头都是鸡的话，那就是0只兔，70只脚，按照这种方法，以此类推，如表9.2所示。

表9.2　鸡兔同笼关系表

鸡数	兔数	脚数
35	0	70
…	…	…
26	9	88
25	10	90
24	11	92
23	12	94（正确答案）
22	13	96

除了这种方法之外，还有很多种其他解决鸡兔同笼问题的方法，下面进行介绍。

方法1　抬脚法

想象每只鸡都抬起了一只脚，每只兔子都抬起了两只脚，那么就剩47只脚了，这时每只鸡有1只脚，每只兔子有2只脚。笼子里只要有一只兔子，那么脚的总数就要比头的总数多1。这时脚的总数与头的总数之差为47–35=12，12就是兔子的只数。

用Python程序体现该方法如下：

```
01  heads=int(input("请输入鸡和兔的总数"))
02  legs=int(input("请输入鸡和兔的脚数"))
03  #抬脚法
04  new_legs=legs/2                 #假设所有动物都抬起了一半的脚
05  rabbit=int(new_legs)-heads      #兔子的数量等于抬起后脚的总数与头的总数差
06  chicken = heads-rabbit          #鸡的数量等于总数减去兔子的数量
07  print("鸡有",chicken,"只","兔有",rabbit,"只") #输出鸡和兔的数量
```

方法2　假设法

假如笼子里全是兔子，那它们的脚应该是4×35=140只，比94只脚多46只脚，因为每只鸡比兔子少2条脚，所以共有鸡(35×4–94)÷(4–2) =23只。

用Python程序体现该方法如下：

```
01  heads=int(input("请输入鸡和兔的总数"))
02  legs=int(input("请输入鸡和兔的脚数"))
03  #假设法
04  chicken = (4*heads-legs)/(4-2)    #求出鸡的数量
05  rabbit = (legs-2*heads)/(4-2)     #求出兔子的数量
06  print("鸡有",int(chicken),"只","兔有",int(rabbit),"只")
                                      #输出鸡和兔的数量
```

任务一：东北虎与白虎

某动物园内，一共有东北虎和白虎16只，东北虎的数量是白虎的7倍，白虎有多少只呢？如图9.5所示。请你使用本节课所学知识设计Python程序进行求解。

图9.5　东北虎与白虎

任务二：巧解停车场车辆

在一个停车场上，一共停了32辆小轿车（4轮）和摩托车（2轮），这些车一共有108个轮子，如图9.6所示，请你用本节课所学知识，使用Python程序计算出小轿车和摩托车各有多少辆。

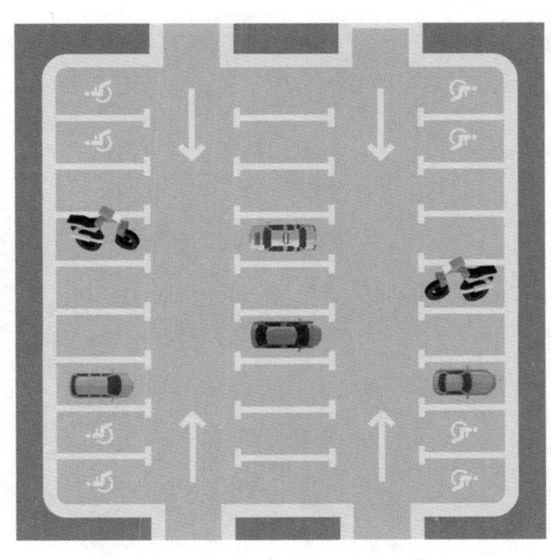

图9.6　巧解停车场车辆

- Python
  - while循环
  - +=赋值运算符
  - 函数
- 数学
  - 鸡兔同笼的多种解法
    - 枚举法
    - 抬脚法
    - 假设法

第10课

稳定的三角形

本课学习目标

- 熟练掌握自定义函数的使用
- 理解数学中三角形的相关性质及判定条件
- 综合应用 Python 知识判断三角形

扫描二维码
获取本课资源

任务探秘

世界著名的景点，金字塔、埃菲尔铁塔、卢浮宫玻璃金字塔，如图10.1所示，这些充满魅力的建筑有一个共同的特点——它们都是三角形建筑，看似简单却富含美感和很强的张力。三角形出色的稳定性，使其被广泛应用在建筑和室内设计当中。三角形的种类有多种，本课将使用Python设计一个程序，输入三角形的3条边长（单位为厘米，只需输入数字），自动判断是哪种三角形。

图10.1　世界著名的三角形建筑

规划流程

根据任务探秘，首先我们要知道都有哪几种常见的三角形，以及每种三角形的特点（如等边三角形需要满足三条边都相等的条件）；然后，在编写程序时，先获取输入的三条边长，再通过if…elif多分支选择结构判断不同的三角形类型：当三条边长相等时为“等边三角形”、任意两条边相等时为“等腰三角形”、满足勾股定理时为“直角三角形”、不满足以上条件时是“普通三角形”。根据上面的任务分析规划流程，如图10.2所示。

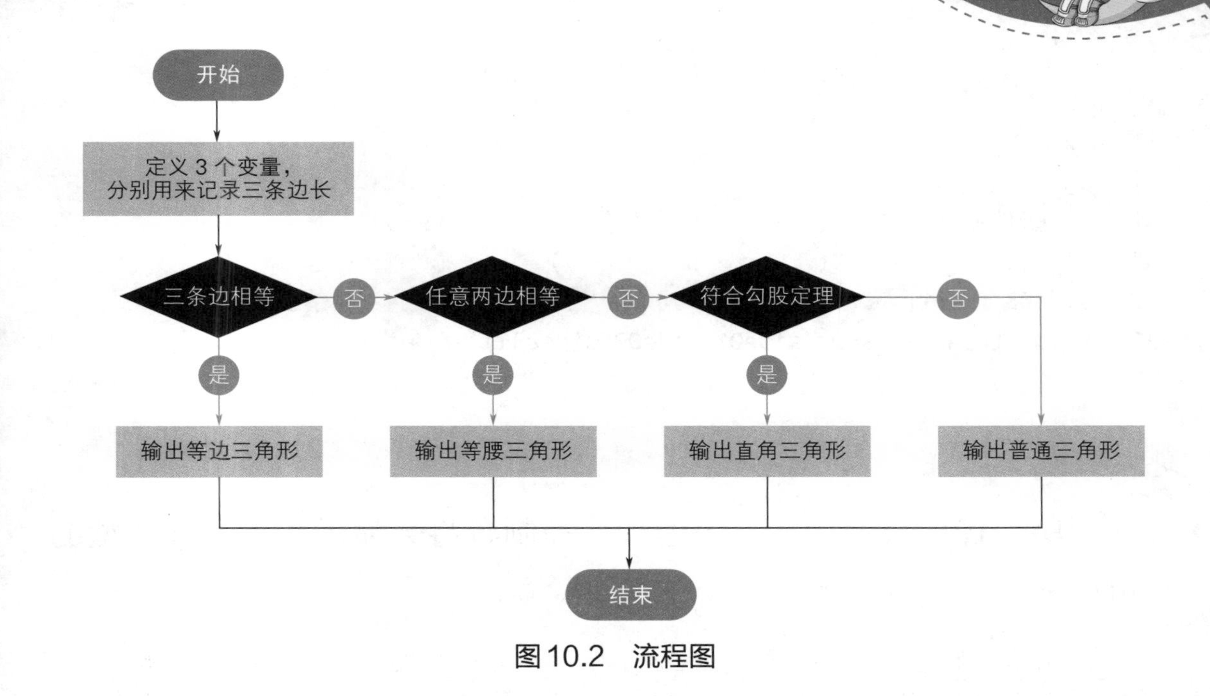

图10.2　流程图

编程实现

创建一个Python文件，在该文件中，按以下步骤编写代码：

第1步　获取用户输入的三条边长。

第2步　定义一个函数，用来根据3条边的关系判断属于哪种三角形。

第3步　调用函数，并实现三角形的判断。

代码如下：

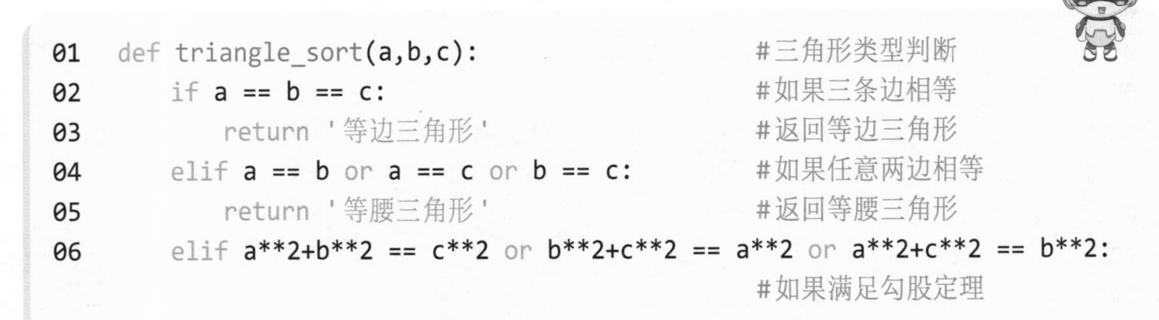

```
01  def triangle_sort(a,b,c):                              #三角形类型判断
02      if a == b == c:                                    #如果三条边相等
03          return '等边三角形'                             #返回等边三角形
04      elif a == b or a == c or b == c:                   #如果任意两边相等
05          return '等腰三角形'                             #返回等腰三角形
06      elif a**2+b**2 == c**2 or b**2+c**2 == a**2 or a**2+c**2 == b**2:
                                                           #如果满足勾股定理
```

```
07            return '直角三角形'                      #返回直角三角形
08        else:                                        #否则
09            return '普通三角形'                      #返回普通三角形
10    side01 = int(input("请输入第一条边"))            #获得第一条边的值
11    side02 = int(input("请输入第二条边"))            #获得第二条边的值
12    side03 = int(input("请输入第三条边"))            #获得第三条边的值
13    print(triangle_sort(side01,side02,side03))       #调用函数判断三角形种类
```

测试程序

程序运行后依次输入三条边长，控制台将会显示其为哪种类型的三角形，如图10.3所示。

```
请输入第一条边5      请输入第一条边5       请输入第一条边3      请输入第一条边5
请输入第二条边5      请输入第二条边15      请输入第二条边4      请输入第二条边10
请输入第三条边5      请输入第三条边15      请输入第三条边5      请输入第三条边15
等边三角形           等腰三角形            直角三角形           普通三角形
```

图10.3　4种三角形

优化程序

仔细观察图10.3所示的结果发现，5、10、15这三条边长是不能组成三角形的，但程序结果却显示为普通三角形，因此，我们应该再加一个判断：任意两边之和必须大于第三边。优化后的程序代码如下：

```
01    def triangle_sort(a,b,c):                        #三角形类型判断
02        if a == b == c:                              #如果三条边相等
03            return "等边三角形"                      #打印等边三角形
04        elif a == b or a == c or b == c:             #如果任意两边相等
05            return '等腰三角形'                      #打印等腰三角形
06        elif a**2+b**2 == c**2 or b**2+c**2 == a**2 or a**2+c**2 == b**2:
                                                       #如果满足勾股定理
07            return '直角三角形'                      #打印直角三角形
08        else:                                        #否则就是普通三角形
09            return '普通三角形'
```

```
10
11  side01 = int(input("请输入第一条边"))    #获得第一条边的值
12  side02 = int(input("请输入第二条边"))    #获得第二条边的值
13  side03 = int(input("请输入第三条边"))    #获得第三条边的值
14  if side01+side02 > side03 and side01+side03 > side02 and side02+side03
    > side01:                              #如果任意两边之和大于第三边
15      print(triangle_sort(side01,side02,side03)) #调用函数判断三角形种类
16  else:
17      print("不是三角形")
```

程序运行结果如图10.4所示。

```
请输入第一条边4          请输入第一条边6
请输入第二条边5          请输入第二条边10
请输入第三条边15         请输入第三条边15
不是三角形               普通三角形
```

图10.4 判断是否为三角形

triangle

三角形、三角形物体

side

一边、一旁、一侧

sort

种类、品种、排序

area

地区、区域、场地

三角形

本课任务要实现的是判断三条边是否能构成三角形，以及可以构成什么类型的三角形。我们应该对三角形的特点有所了解。

三条线段首尾顺次连接所组成的封闭图形，称为三角形。三角形按角分类，主要有直角三角形、锐角三角形、钝角三角形；按边分

类，主要有普通三角形、等腰三角形、等边三角形。三角形的边长必定满足任意两边之和大于第三边，而且它的内角和等于180度。

图10.5所示为常见的几种三角形。

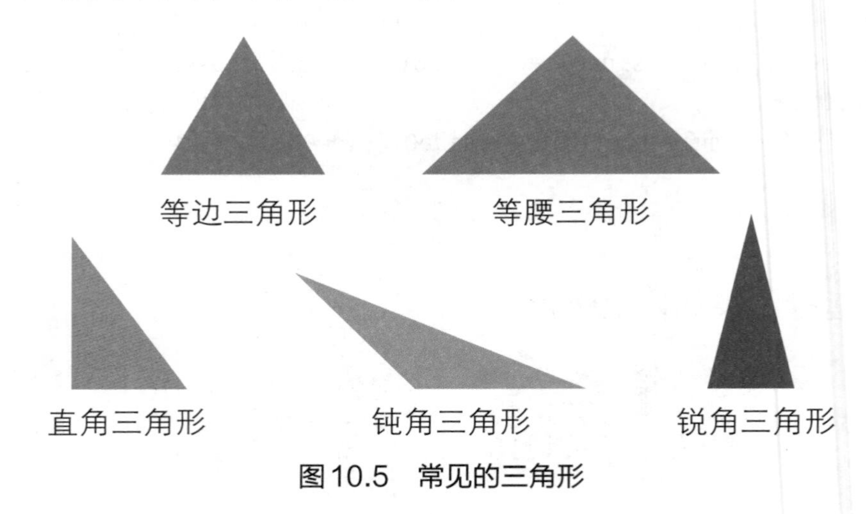

图10.5 常见的三角形

任务一：程序找茬

木木写了一个函数用于求取长方形的面积，但是书写有误，请你帮助木木找出错误的地方。

```
def mj(a, b)           ——————————— ①
    c = a+b*2          ——————————— ②
    return a           ——————————— ③
```

错误1：______________________

错误2：______________________

错误3：______________________

任务二：三角形的面积

本挑战任务要求在本课任务基础上进行修改，使其能够根据输入

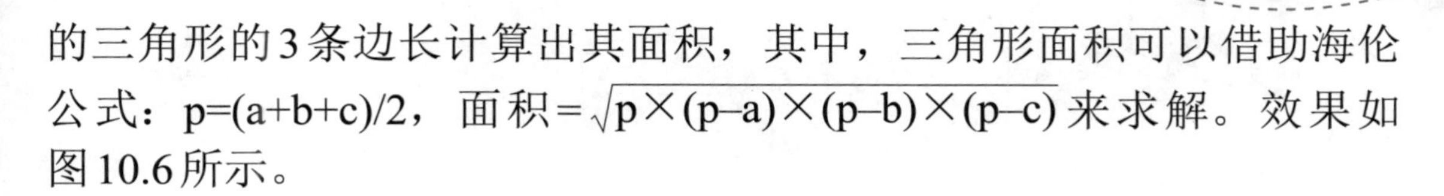

的三角形的3条边长计算出其面积，其中，三角形面积可以借助海伦公式：p=(a+b+c)/2，面积= $\sqrt{p\times(p-a)\times(p-b)\times(p-c)}$ 来求解。效果如图10.6所示。

```
请输入第一条边10
请输入第二条边15
请输入第三条边20
普通三角形
它的面积是 72.61843774138907
```

图10.6 判断三角形类型并计算面积

提示

求某个数的几次方可以直接使用Python中的Power()函数。

知识卡片

- Python
  - 函数
  - if多分支选择结构判断
- 数学
  - 普通三角形：没有特殊边、没有特殊角且满足任意两边之和大于第三边
  - 等腰三角形：两边相等的三角形
  - 等边三角形：三条边都相等
  - 直角三角形：任意一角为直角(90度)的三角形

第11课

杨辉三角

本课学习目标

- 熟练掌握列表元素的相加及追加元素操作
- 熟练运用循环嵌套解决实际问题
- 使用字符串的 center() 方法对数据进行居中排列
- 巩固函数的使用
- 熟悉杨辉三角及其规律

扫描二维码
获取本课资源

任务探秘

杨辉三角是中国数学史上一个伟大的成就，它是二项式系数在三角形中的一种几何排列。在中国南宋数学家杨辉1261年所著的《详解九章算法》一书中出现，故命名为杨辉三角。发现杨辉三角的规律，使用程序破解神秘的杨辉三角就是本课将要挑战的任务，如图11.1所示。

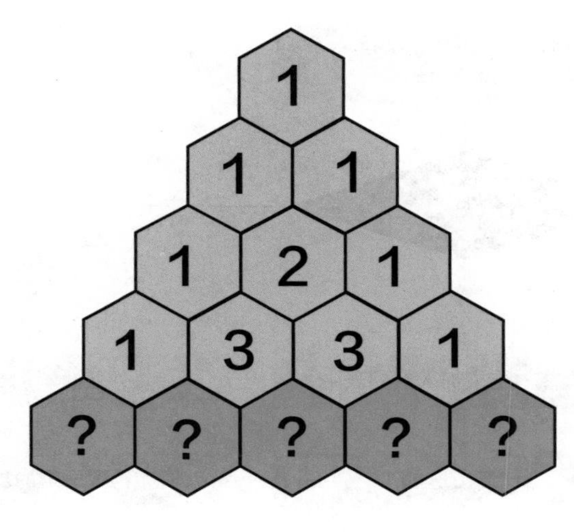

图11.1　杨辉三角

规划流程

根据任务探秘，我们首先需要观察杨辉三角的特点：第1行与第2行都是数字1，每一行的两侧也都是1，从第3行开始中间的数字是自己肩上两个数字之和。总结了这些规律之后，我们在设计程序时，就可以首先打印固定的第1行与第2行；然后打印从3行开始的中间数字，要打印的数字为上一行两数字之和，这需要使用嵌套循环实现；最后在每行的两端添加默认元素1即可。根据上面的任务分析规划流程，如图11.2所示。

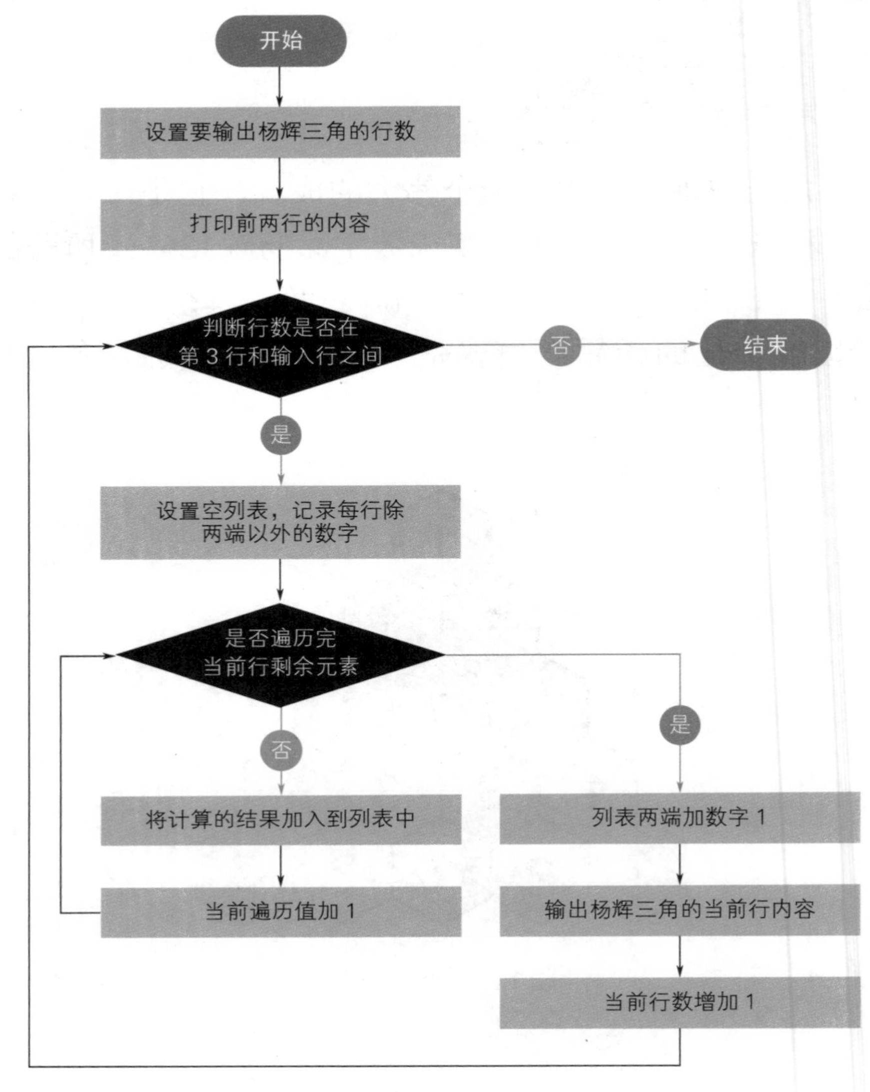

图11.2　流程图

编程实现

创建一个Python文件，在该文件中，按以下步骤编写代码：

第1步 首先定义一个函数，其中先打印杨辉三角的第1、2行，然后使用嵌套for循环将前一行相邻两个数字相加，得到下一行除两端之外的所有数字，最后将数字1加在每一行的两端。

第2步 使用变量记录要打印的杨辉三角行数，然后调用自定义的函数实现在屏幕上打印杨辉三角。

代码如下：

```
01  #杨辉三角金字塔
02  def triangles(x):                       #定义函数用于求多行杨辉三角
03      print([1])                          #打印杨辉三角第一行
04      line =[1,1]                         #设置列表line为第二行列表
05      print(line)                         #打印杨辉三角第二行
06      for i in range(2,x):    #循环要从第三行开始,所以range的起始值设定为2
07          r =[]                           #设置一个空列表用于存储该行两端以外的数字
08          for j in range(0,len(line)-1):#让j从0循环到列表长度-1
09              r.append(line[j]+line[j+1]) #让r添加列表line的j项与j+1项之和
10          line =[1]+r+[1]                 #将两端的数字加到r中
11          print(line) #打印杨辉三角第i行(列表line)
12  num = int(input("请输入要打印的杨辉三角行数:")) #获得输入的行数
13  triangles(num)                          #调用函数triangles并带入参数(参数为行数)
```

测试程序

程序运行后，输入要打印的杨辉三角行数，控制台将显示如图11.3所示的运行结果。

```
请输入要打印的杨辉三角行数：5
[1]
[1, 1]
[1, 2, 1]
[1, 3, 3, 1]
[1, 4, 6, 4, 1]
```

图11.3　5行杨辉三角

优化程序

观察图11.3，我们发现打印出来的杨辉三角跟我们平时看到的杨辉三角形状有些不同，这时可以使用字符串方法center()将每一行内容居中显示。优化后的代码如下：

```
01  #杨辉三角金字塔
02  def triangles(x):                       #定义函数用于求多行杨辉三角
03      if x == 1:                          #如果输入的数字为1
04          print(str([1]).center(60))      #将第一行列表居中
05      else:                               #如果输入的数字大于等于2(否则)
06          print(str([1]).center(60))      #将第一行列表居中
07          line =[1,1]                     #设置列表line为第二行列表
08          print(str(line).center(60))     #将列表line居中
09          for i in range(2,x): #循环要从第三行开始，所以range的起始值设定为2
10              r =[]                       #设置一个空列表用于存储该行两端以外的数字
11              for j in range(0,len(line)-1):#让j从0循环到列表长度-1
12                  r.append(line[j]+line[j+1]) #让r添加列表line的j项与j+1项
                                                 之和
13              line =[1]+r+[1]             #将两端的数字加到r中
14              print(str(line).center(60)) #将列表line转化为字符串，居中后打印
15  num = int(input("请输入要打印的杨辉三角行数：")) #获得输入的行数
16  triangles(num)                          #调用函数triangles并带入参数
```

程序运行结果如图11.4所示。

```
请输入要打印的杨辉三角行数5
                    [1]
                  [1, 1]
                [1, 2, 1]
              [1, 3, 3, 1]
            [1, 4, 6, 4, 1]
>>> |
```

图11.4　居中显示杨辉三角

line 线、线条、排	**append** 附加、增补
center 中心、中央	**string** 线、字符串、一连串

列表的相加及追加元素操作

本课任务中使用列表来存储每一行上的数字，并打印输出，在记录每一行上的数字时，用到列表的相加及元素添加操作，下面进行介绍。

列表相加直接使用加（+）运算符即可实现。这里需要注意的是，在进行相加操作时，必须是相同类型的序列，比如同为列表、元组、集合等，而序列中的元素类型可以不同。例如，本课任务中，在第3行之后的存储数字列表的两端添加元素1，代码如下：

```
line =[1]+r+[1]                         #将两端的数字加到r中
```

而向列表中添加元素时可以使用append()方法，该方法用于在列表的末尾追加元素，语法格式如下：

```
listname.append(obj)
```

其中，listname为要添加元素的列表名称；obj为要添加到列表末尾的对象。

例如，本课任务中，在嵌套for循环中使用了append()方法向每行中追加相应的数字，代码如下：

```
01  for i in range(2,x):          #循环要从第三行开始，所以range的起始值设定为2
02      r =[]                     #设置一个空列表用于存储该行两端以外的数字
03      for j in range(0,len(line)-1):  #让j从0循环到列表长度-1
04          r.append(line[j]+line[j+1]) #让i添加列表line的j项与j+1项之和
```

center()方法

功能：返回一个指定字符串居中的字符串，其余用指定字符填充（默认为空）。

语法：

```
str.center(指定宽度[,填充字符])
```

✓ str：指定居中的字符串。

✓ 指定宽度：需要返回的字符串宽度，其作用是可以用指定的字

符填充原始字符串，使其达到固定宽度，从而实现对齐效果。

✓ 填充字符：默认为空，如果指定字符串不足指定宽度，则用该字符填充。

✓ 返回值：返回一个指定字符串居中的字符串，其余用指定字符填充（默认为空）。

举例：

例如，本课优化程序代码中使用指定宽度60使杨辉三角中的每一行数字都居中显示，代码如下：

```
print(str([1]).center(60))        #将第一行列表居中
```

杨辉三角解析

想要使用程序来打印杨辉三角，就必须找到它的规律，我们观察图11.5所示的杨辉三角。

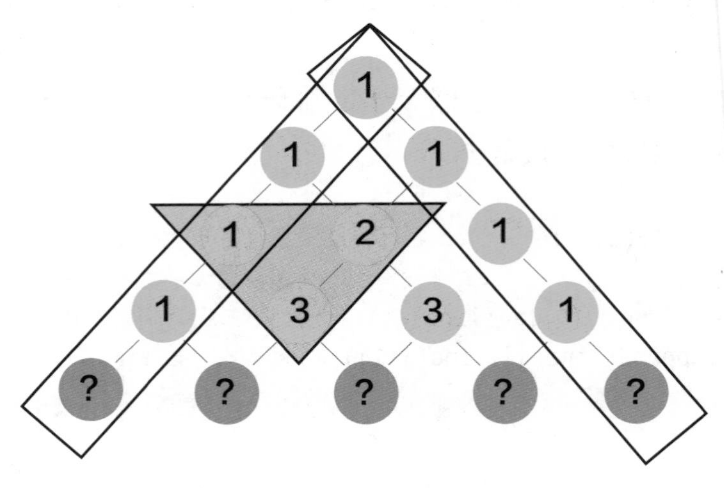

图11.5　杨辉三角

通过观察可以得知：

（1）每一行的首尾元素均是1；

（2）其他的元素是自己↖和↗的值之和，例如第4行的第2个数字3=第3行的第1个数字1+第3行的第2个数字2，依此类推，其规律如图11.6所示。

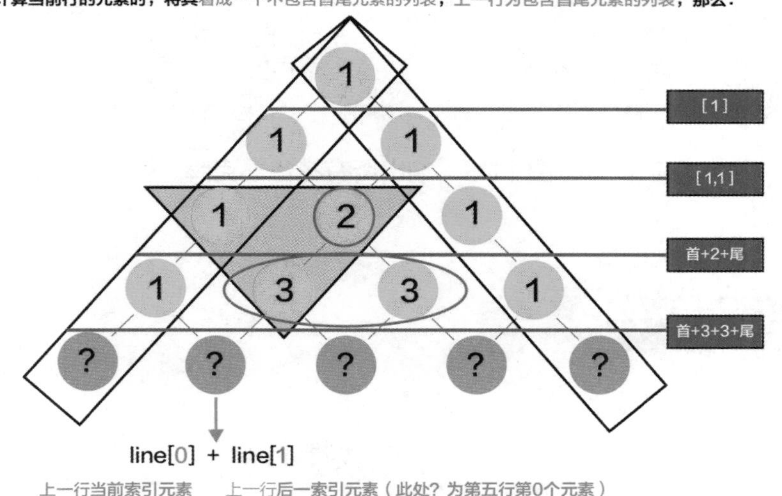

图11.6　杨辉三角规律

任务一：列表元素添加训练

现在有一个数字列表如图11.7所示，其中包含大小不同的多个数字，请设计一个程序，将列表中大于和小于10的数字分别存储到两个新的列表中。

```
list_number = [9, 7, 15, 74, 4, 5, 11, 33, 55, 6, 0]    # 数字列表
```

图11.7　数字列表

任务二：扑克牌游戏

乐乐准备制作一款扑克牌游戏，当运行程序后，将打印出所有花色（52张）的扑克牌（如图11.8所示，无大小王），请你帮助乐乐完成这个程序吧（格式不限）。（提示：正常的扑克牌共有4种花色：红桃、方片、黑桃、梅花，其中每个花色有13张牌：A、2、3、4、5、6、7、8、9、10、J、Q、K。）

```
---------------
['红桃A', '红桃2', '红桃3', '红桃4', '红桃5', '红桃6', '红桃7', '红桃8', '红桃9', '红桃10', '红桃J', '红桃Q', '红桃K', '方片A', '方片2', '方片3', '方片4', '方片5', '方片6', '方片7', '方片8', '方片9', '方片10', '方片J', '方片Q', '方片K', '黑桃A', '黑桃2', '黑桃3', '黑桃4', '黑桃5', '黑桃6', '黑桃7', '黑桃8', '黑桃9', '黑桃10', '黑桃J', '黑桃Q', '黑桃K', '梅花A', '梅花2', '梅花3', '梅花4', '梅花5', '梅花6', '梅花7', '梅花8', '梅花9', '梅花10', '梅花J', '梅花Q', '梅花K']
```

图11.8　输出所有花色扑克牌

- Python
  - 列表
    - 列表相加
    - 追加元素
  - 嵌套循环
  - 字符串center()方法
  - 自定义函数
- 数学
  - 杨辉三角
    - 每一行的首尾元素均是1
    - 其余的数都等于它肩上的两个数字相加

第12课

疯狂的兔子

本课学习目标

- 熟悉什么是斐波那契数列
- 掌握迭代法和递归法的使用
- 在程序中实现递归调用
- 巩固函数的使用

扫描二维码
获取本课资源

任务探秘

从前有一个农夫养了一对小白兔，这对小白兔两个月后会长成大兔子，并且之后每个月都会生出一对小兔子来。假如所有的兔子都不会死的情况下，一年之后能有多少对兔子呢，如图12.1所示？本节课的任务就是使用Python程序解决该问题。

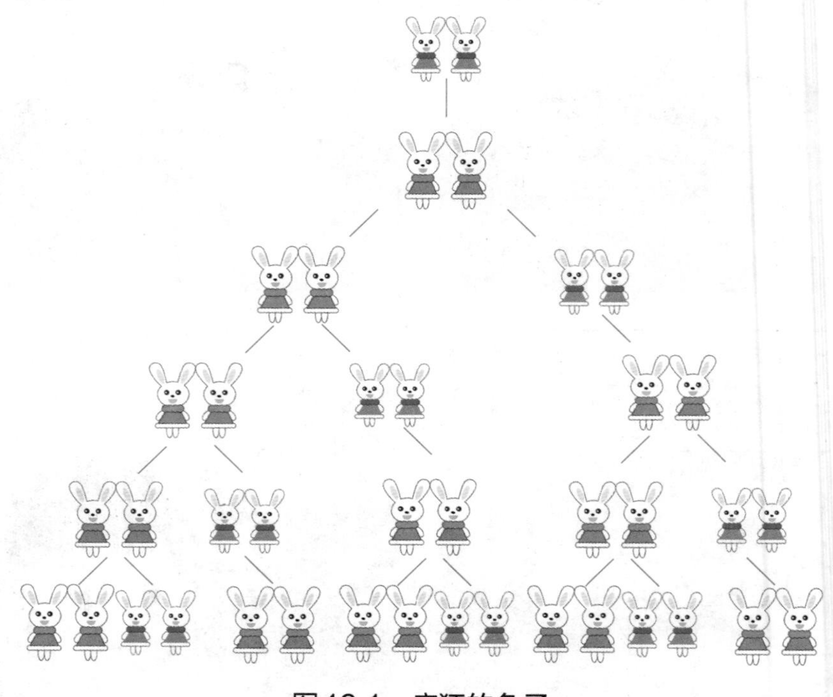

图12.1　疯狂的兔子

规划流程

根据任务分析，我们可以发现第1个月的兔子是幼兔（1对），第2个月幼兔长为成年兔（还是1对），从第3个月开始成年兔会生下一对小兔子（幼兔），找到该规律以后，我们在编写程序时首先需要获取输入的月份（如12），并定义两个变量，用于保存第1、2月的兔子对数；然后使用Python中的循环语句遍历从第3个月至输入月份（如12），并在循环中将前两个月兔子对数相加的和作为第3个月的兔子对数，依此类推，便可以算出指定月数之后的兔子总对数。根据上面的任务分析规划流程，如图12.2所示。

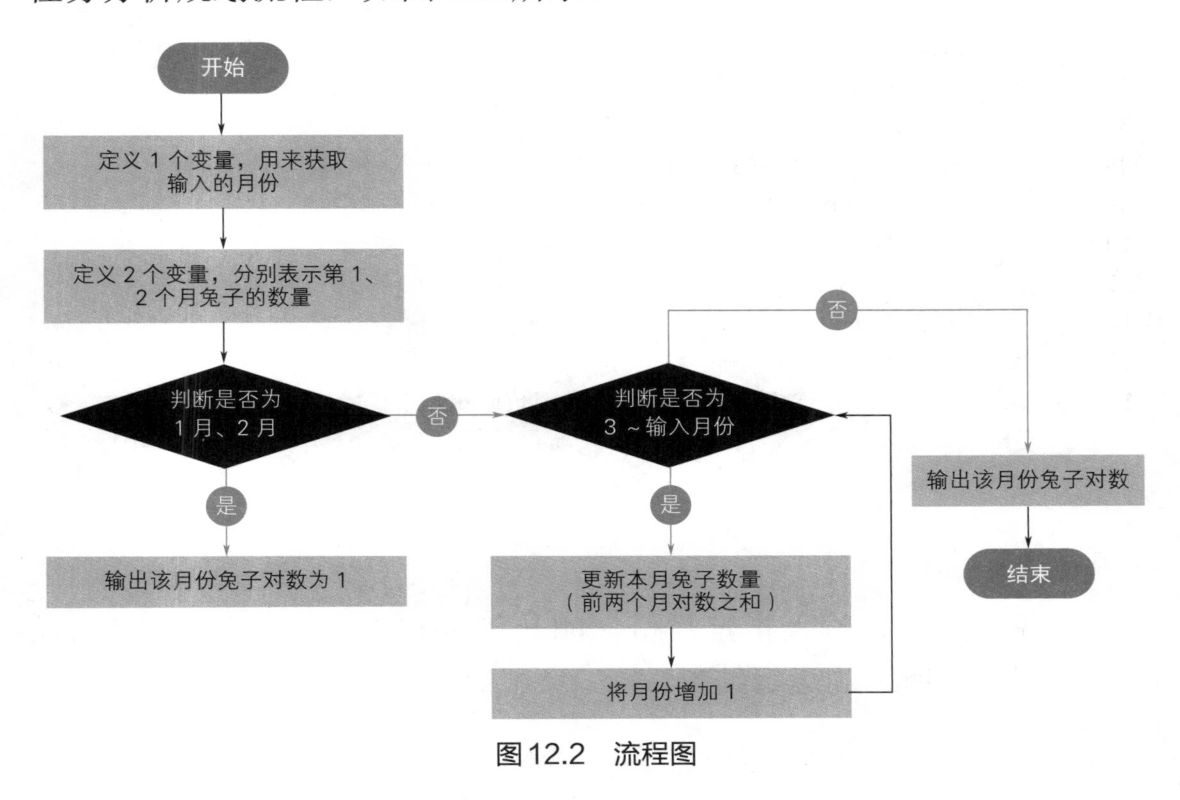

图12.2　流程图

编程实现

创建一个Python文件，在该文件中，按以下步骤编写代码：

第1步 首先需要确定1月份、2月份兔子的对数是没有变化的，固定为1对。

第2步 从3月份开始循环遍历至输入的月份，每循环一次就计算一次当月的兔子对数，直到循环结束返回最终月份的兔子对数。

代码如下：

```
01    #斐波那契数列迭代法
02    def rabbit(number):                    #定义函数用于求兔子数量
```

```
03      r1 = 1                              #第一个月兔子数量
04      r2 = 1                              #第二个月兔子数量
05      if number == 1 or number == 2: #如果输入的月份为1或者2
06          return 1                        #返回1对兔子
07      else:                               #如果不是前两个月
08          for x in range(3,number + 1):#从第3个月开始循环，一直到输入的月份
09              r3 = r1+r2                  #前两项之和赋值给r3
10              r1=r2                       #交换r1和r2的值
11              r2=r3                       #交换r2和r3的值
12          return r3                       #返回r3的值
13  month = int(input("请输入月份:")) #获得输入的月份
14  print(month,"个月的兔子总数为:",rabbit(month),'对!')
                                            #打印该月份兔子总数
```

测试程序

程序运行后，输入指定月份（如一年有12个月），控制台将自动显示如图12.3所示的运行结果。

```
请输入月份：12
12 个月的兔子总数为： 144 对！
```

图12.3　12个月兔子的对数

优化程序

在编程实现中，我们使用了迭代法计算兔子的繁殖数量，其实解决这类问题，还可以使用递归方法实现，代码如下：

```
01  #递归法自定义函数
02  def rabbit(number):
03      if number <= 2:     #当number小于等于2的时候说明是1、2月份，所以都返回1
04          return 1
05      else:
06          return rabbit(number - 1) + rabbit(number - 2)
                                        #返回(总月数-1)+(总月数-2)的值
07  month = int(input("请输入月份"))  #获得输入的月份
08  print(month,"个月的兔子总数为",rabbit(month)) #打印该月份兔子总数
```

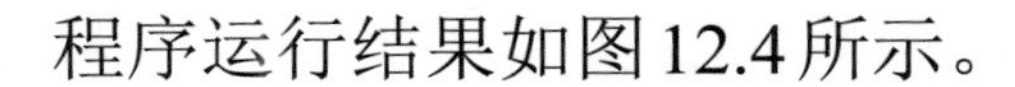

程序运行结果如图12.4所示。

```
请输入月份：10
10 个月的兔子总数为： 55 对！
```

图12.4　使用递归法求兔子对数

英语角

fibonacci

斐波那契

iteration

迭代、重申

recursion

递归、循环、递归式

斐波那契数列

本课任务中的兔子繁殖问题，其本质是斐波那契数列，又称黄金分割数列。当年数学家莱昂纳多·斐波那契以兔子繁殖为例而引入，故又称为“兔子数列”。在数学、现代物理、准晶体结构、化学等领域，斐波纳契数列都有直接的应用。

我们一起来分析一下本课的兔子繁殖问题，兔子的数量与月份的关系应如表12.1所示。

表12.1　兔子数量与月份关系

月份	1	2	3	4	5	6	7	8	9	…
幼兔对数	1	0	1	1	2	3	5	8	13	…
成兔对数	0	1	1	2	3	5	8	13	21	…
总对数	1	1	2	3	5	8	13	21	34	…

根据表12.1中所示内容，我们发现第1个月和第2个月的兔子总数为1，从第3个月开始，当月的总数为前两个月的数量之和，得到的数列为1，1，2，3，5，8，13，21，34……，这就是斐波那契数列。

迭代算法

迭代算法，又称递推算法，即通过已知的条件，按照一定的规律来计算序列中的每一项，直到求出想要的结果。例如：

在派对上，大家进行了打气球游戏，如图12.5所示，有5位同学参加了这个游戏，他们打掉的气球数量各不相同。问第1位同学打掉了多少个时，他指着旁边第2位同学说比他多2个；问第2个同学时，第2个同学说比第3个同学多2个；如此，都说比另外一个同学多2个。最后问到第5个同学时，他说自己打了10个，问第1个同学打了多少个气球？

图12.5　打气球游泳

分析上面的题目，设第1个同学打掉的气球数为a1，依此类推。我们需重点从第5个同学打掉的气球，也就是10入手，设a5=10，那么就可以得到这样的公式。

a5=10↵

a4=a5+2=10+2=12↵

a3=a4+2=12+2=14↵

a2=a3+2=14+2=16↵

a1=a2+2=16+2=18↵

递归算法

递归（recursion），就是在重复递推的过程中再重复的意思，把一个大的问题转化为多个小问题，解决了这些小问题后，大问题也就被解决了。在用函数实现时，因为大问题和小问题使用的是一个算法，所以就会直接或者间接地调用自身，这就是递归。

我们以计算1+2+3+4的和为例，其程序执行过程如图12.6所示。

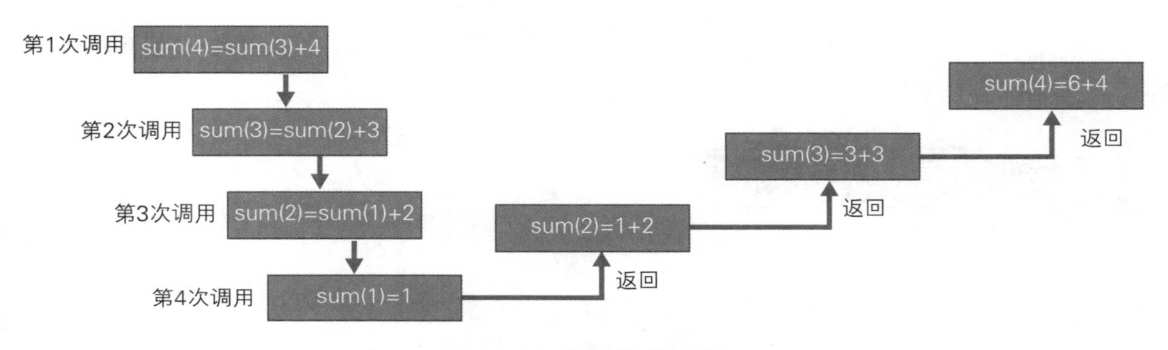

图12.6　递归执行过程

如图12.6所示，在求sum(4)时，需要先求sum(3)；求sum(3)，就得求sum(2)；求sum(2)，就需要知道sum(1)。此时我们知道了sum(1)=1，返回求sum(2)，可得sum(2)=1+2=3；再返回求sum(3)，可得sum(3)=3+3=6；再返回求sum(4)，可得sum(4)=6+4=10，上述的整个过程就是递归的过程。

任务一：选择题

运行右侧所示程序后，如果输入的数字为4，那么返回的结果为（　）。

A.2　　B.4

C.6　　D.8

```
a =int(input("请输入数字"))
def func(n):
    if n<=3:
        return 2
    else:
        return n*func(n-1)
print(func(a))
```

任务二：递归求阶乘

请根据本节课所学的递归知识，使用递归法，求$1\times2\times3\times4\times\cdots\times n$的值（阶乘），要求当输入一个最终数字后，输出其从1到该数字阶乘的值，效果图如图12.7所示。

```
请输入要阶乘的数字：10
其结果为： 3628800
```

图12.7　求1 ~ 10的阶乘

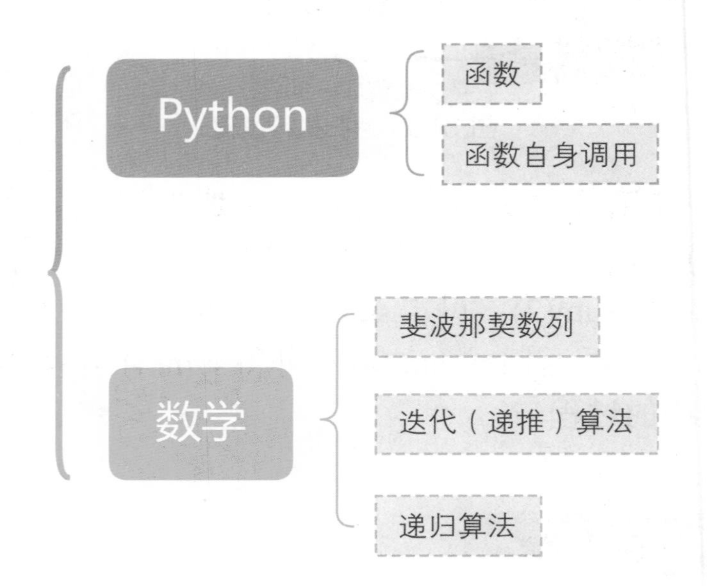